ASSET PROTECTION STRATEGIES

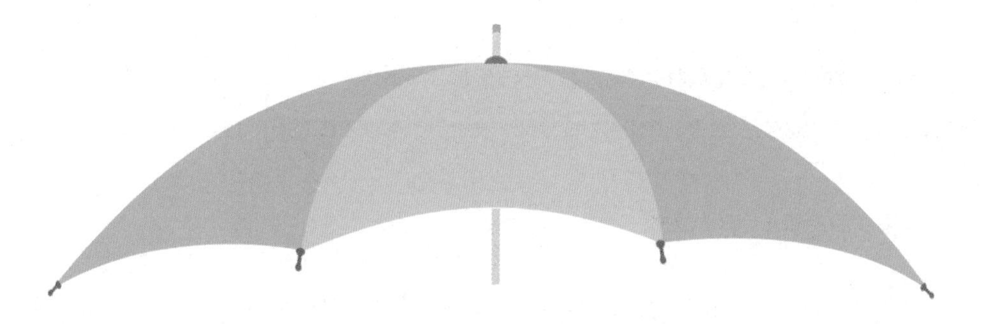

中产家庭如何保卫财富

郭丽 赛美 著

速溶综合研究所 图解

清華大學出版社

北 京

图书在版编目（CIP）数据

中产家庭如何保卫财富 / 郭丽，赛美著；速溶综合研究所图解. -- 北京：清华大学出版社，2021.1（2021.1 重印）

ISBN 978-7-302-54956-7

Ⅰ. ①中… Ⅱ. ①郭… ②赛… ③速… Ⅲ. ①家庭管理－财务管理 Ⅳ. ①TS976.15

中国版本图书馆CIP数据核字(2020)第026438号

责任编辑：王如月
装帧设计：速溶综合研究所
责任校对：王荣静
责任印制：沈 露

出版发行：清华大学出版社
网 址：http://www.tup.com.cn， http://www.wqbook.com
地 址：北京清华大学学研大厦A座 邮 编：100084
社 总 机：010-62770175 邮 购：010-62786544
投稿与读者服务：010-62776969, c-service@tup.tsinghua.edu.cn
质量反馈：010-62772015, zhiliang@tup.tsinghua.edu.cn
印 装 者：三河市龙大印装有限公司
经 销：全国新华书店
开 本：170mm × 240mm 印 张：16 字 数：275千字
版 次：2021年1月第1版 印 次：2021年1月第3次印刷
定 价：59.80元

产品编号：084648-01

法律就是照亮黑暗的一束光

人生长路漫漫，每个人在向前奔跑之时，家庭永远是最重要的港湾。但有时家对我们的伤害却比任何苦难挫折都要深重，且来势汹汹，让人倍感无奈，防不胜防。

当我们用多年辛苦积攒下来的财富，跻身“中产”甚至退休安享晚年，如果因为一次“家庭变故”就让家庭财富缩水一大半，实在让人难以接受。当我们没有任何规划就将遗产留给子女自行处理，以致一家人打了旷日持久的官司，再深厚的亲情也会被打散。

事业需要经营，家庭亦是如此。在日常的法律咨询与调解中，我见过太多因为财富而分崩离析的家庭。所以，我希望通过一本将法律与财富相结合的科普书，帮助国人更好地了解自己的财富，合理地运用这些财富管理好家庭。

这本书以“家庭”和“财富”为轴心，以如何守住家庭财富为线索，用 20 个有趣的案例，阐述婚姻、继承的法律知识与应对策略。从婚前讲述到身后，从境内介绍到境外，本书通过五个不同的板块和案例让大家真正懂得如何管理财富、保卫家庭，进而维护自身的合法权益。

在婚前财产规划板块中，我介绍了应该以何种策略给孩子购置房产、婚前财产与婚后财产应如何隔离、婚前协议如何签才有效；

婚内财富管理板块中，我侧重于给家庭主妇管理家庭财产支支招，同时介绍如何避免家企混同，避免企业经营的风险影响家庭生活；

离婚财产保全板块中，我介绍了如何规避离婚造成企业巨变，离婚协议如何签署和“假离婚”是不是真的是“假的”；

遗嘱继承筹划板块中，我强调了遗嘱的重要性并讲解遗嘱如何避免旁系血亲瓜分遗产以及如何避免独生子女无法继承的窘境；

最后的涉外婚姻管理板块中，我介绍了涉外婚姻的风险和应对措施。

人们常说“清官难断家务事”，但真当家庭最终需要走到法庭的那一步时，也希望大家都能够拿起法律的武器，勇敢地去捍卫自己的合法权益不受损害。虽然世事难料，但我希望这本小书，能够帮助你提前学习和了解一些关于财富管理及家庭矛盾处理的知识，也许在日后深陷泥沼之时，为你照亮前方的路，让你不再痛苦和迷茫。

郭　丽

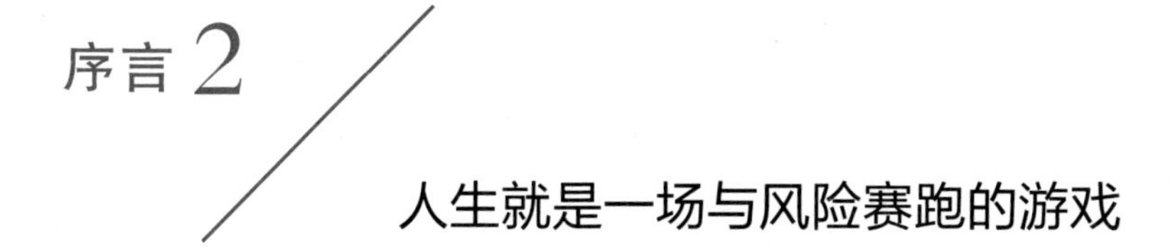

序言 2

人生就是一场与风险赛跑的游戏

2019 年 12 月 31 日，有近百位朋友，在赛美火星财团的赋能空间参加跨年狂欢，以尖叫的状态准备跨年倒计时。而主办方特别安排了一个环节：让我“加餐”分享《如何实现中长期的稳健高收益》。

登上讲台的那一刻，我毫不犹豫地说：当朋友们都在期待零点狂欢钟声响起时，我不得不先敲响一个“警钟”——明天和意外，哪个会先来？收益和风险，到底谁更受青睐？我们正在经历着一个怎样的金融环境，家人们正在经受怎样的风险考验，未来还会遇到哪些不确定性？

现场顿时安静了下来。是的，如果没有风险，如果没有不确定性，人生就不会有悬念，也注定就是一场风平浪静。

警钟长鸣，才能保持高度警惕。

当我们过多关注投资收益时，说明无形中已经掉入了一个个“陷阱”。风险穿越一生，人生就是一场与风险赛跑的游戏，财富管理就是与风险对冲的策略。

所有的财富管理，都必须要加上“时间”才有更深远的价值。这个“时间”包括两个层面：一是从第一代人到第二代人；二是跨越生和死。而这个时间，对家庭财富而言，就是人生要面对的周期。如何安全地去跨越生命中的各种周期，成为财富管理的难点，因为在不同的周期，我们将面临不同的挑战，比如：

身为企业高管，表面看生活安逸稳定，当职业风险来临时，高品质的生活就会像气泡一样，瞬间破灭；

身为企业主，表面看资产颇丰，而当企业经营遭遇风险，当债务来临或发生突如其来的人身意外，整个家族会陷入一轮又一轮财富纠纷的“旋涡”之中；

而每一个普通人，无论拥有多少财富，对于风险，都无法完全置身其外。因为疾病的风险、婚姻的风险是人生中大概率会遭遇的考验。

我身处保险行业多年，长年的个案咨询使我每天都感受到人生与风险同在——所遇案件个个都触目惊心，远比电视剧里的情节还曲折。内心不禁感叹，若早知如此后果，也可避免当初不为。

于是，郭丽律师和我一起精心选择了 20 个真实案例，从婚前财产、婚内财产、财富传承等方面出发，以期帮助大家提前了解如何运用法律手段和金融工具来守护财富安全，做到幸福传承。这本书非常适合关注婚前、婚内财产安全的中产家庭以及高净值家庭阅读。我更推荐法律人士、保险从业者熟读，了解每个案例代表的群体正在面临怎样的风险。中国的经济已经经历了高速发展期，当进入“新常态”、进入“三期叠加”以及经济增速放缓的阶段后，面临日益复杂的金融环境，过去传统的买房和固定理财等形式，显然已无法解决中产家庭的财富安全问题。提高法律意识和风险意识，并通过专业知识去形成一整套财富风险管理方案，这不仅是人们保障安定生活所应有的思维方式，也是法律和金融从业者的专业修养。

如果有人问我，什么是人生中最值得为之拼搏奋斗的事情，我想是不断唤醒人们对风险的认知——不因贪婪的欲望而掉入深渊，不因侥幸的心理而深陷困境。

如果不出意外，我们都可以过上美好的生活。但愿书中这样的“意外”，即使出现，也只是从身边擦肩而过，而我们可以自信地一笑了之。

赛美于深圳

使用说明

本书从婚前财产规划、婚内财富管理、离婚财产保全、遗嘱继承筹划与涉外婚姻管理五大领域出发，精选 20 个典型案例，每一节都由一个案例引出相对应的法律与理财知识，内容丰富，包括：

【案例重现】经典案例源于真实生活，反映世间百态，平实生动，具有可读性；

【本案风险点】根据案例情况析出风险点，为读者敲响警钟；

【律师说“法”】资深律师剖析风险点中的关键问题，从法律层面科普人们在生活中容易忽视或不为所知的知识点；

【解决方案】每一个案例的解决方案都从法律与理财两个角度分析。法律方案提供公平公正的风险防患措施，理财方案提供具有启发性的资产管理新思路。法与财，为人生提供双重保障，隔离风险；

【赛美有话说】知名理财师为读者开拓理财新视角，引导读者从情与理两方面看待人生、规划人生；

【本节关键词】关键词帮助读者回顾小节内容，加深记忆；

【法律规定与司法解释】每一节内容所涉及的法律依据及相关解释都归纳于此；

【大数据说】从当前案例引申相关话题与议点，借助大数据总结问题现象。

此外，书中的知识点我们配以严谨且易懂的精美图解，帮助读者更快更好地消化内容，在长知识的同时享受上乘的阅读体验。

法律与理财知识双管齐下是本书的特色，为读者提供了有效管理与经营人生幸福和财富的新方案。

本书不仅适于理财与保险行业的从业人员阅读学习，对于普通大众也是一本开阔眼界与思路的科普书。

目 录
Contents

第1章 Chapter 1 婚前财产规划

第2章 Chapter 2 婚内财富管理

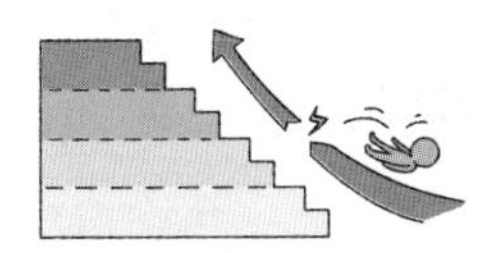

第3章 Chapter 3 离婚财产保全

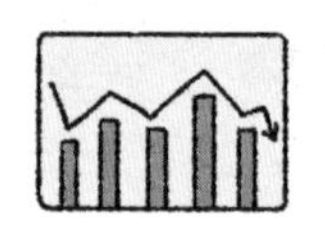

Chapter 4

第4章 遗嘱继承筹划

第5章 Chapter 5 涉外婚姻管理

Chapter

第 1 章

婚前财产规划

案例
1-1

回不去的家

——如何避免给孩子婚前全款买的房子离异时被分割?

案例重现

（本案例中的名字均为化名，如有雷同，纯属巧合）

年近六十的李巧姑是个苦命的女人。她从小是孤儿，在农村寄人篱下；过了谈婚论嫁的年龄，不得已嫁给县城有残疾又酗酒如命的张建军，并时常遭受其拳打脚踢。结婚第二年，李巧姑生下了儿子张大明。儿子三岁的时候，张建军酒后冻死在街头。李巧姑和儿子张大明相依为命，李巧姑为了儿子而未再结婚。儿子也很争气地考上了大学。

原以为儿子成才后能过上好日子，没想到后来发生的事气得李巧姑想死的心都有了。怎么回事儿呢?

张大明大学毕业后在省城找了工作，交了女朋友梁婷婷。但因为没有房子，梁婷婷不同意结婚。思前想后，李巧姑拿出自己的养老钱即全部积蓄26万元，同时卖掉自己在县城的老房子得到15万元，一共41万元给儿子交了房款。

为了防止自己老年两手空空没人养，李巧姑提出来：房子只能写自己的名字或者自己和儿子的名字。此事遭到了梁婷婷的坚决反对。面对儿子的苦苦哀求，李巧姑只得妥协，房子最终只写了儿子张大明的名字。

李巧姑的全部家当都给儿子买了房子，所以只能和儿子媳妇一起住。可是随着孙子的出生，各种矛盾多了，李巧姑和梁婷婷的关系变得势不两立。而张大明天性懦弱，没有主张。终于在又一次的婆媳争吵后，梁婷婷抱着孩子回娘家了。

为了缓解矛盾，李巧姑只好主动提出回县城亲戚家住些日子。当她在外面游荡了一个多月再回到省城的家，媳妇梁婷婷根本就不让她进家门了！当时儿子不在家，无处可去的李巧姑一怒之下报了警。事情闹大了，经受不起道德审判的夫妻二人决定离婚。

房子本应是张大明的婚前财产，然而房产证上不知道什么时候多了梁婷婷的名字。原来，刚开始结婚的时候，张大明经不住枕边风，就背着李巧姑在房产证上加了梁婷婷的名字。

梁婷婷向法院起诉张大明，要求离婚。梁婷婷的诉讼请求为：（1）请求解除婚姻关系；（2）请求依法分割房产。李巧姑气得想死的心都有了。对于这种情形，法院该如何判决呢?

法院认为：首先，李巧姑出钱购买房屋的事实虽有银行转账记录为证，但房产证上的所有权人为李巧姑的儿子张大明一人，该种情况应当视为李巧姑对自己儿子的赠与。根据《中华人民共和国合同法》（以下简称《合同法》）第一百八十六条的规定，赠与合同只能在财产权利转移前撤销，本案中，因房产的所有权已经转移给张大明，所以不可以撤销，该房产为张大明的个人财产。结婚后，张大明在房产证上添加了梁婷婷的名字，根据《中华人民共和国婚姻法司法解释（三）》第六条的规定，对于婚姻关系存续期间夫妻一方对另一方的赠与，按照《合同法》第一百八十六条的情况处理。本案中，张大明已将房产赠与给了梁婷婷，房屋所有权也已经转移，该套房屋现在属于夫妻共同财产，在离婚时应当按照平均分配的原则予以分割。

经过法院的判决，张大明和梁婷婷的夫妻关系予以解除；同时，法院遵循夫妻共同财产平均分割的原则，将李巧姑给张大明买的婚房分了一半给梁婷婷。此后张大明提起的上诉也被二审法院驳回，维持了原判。

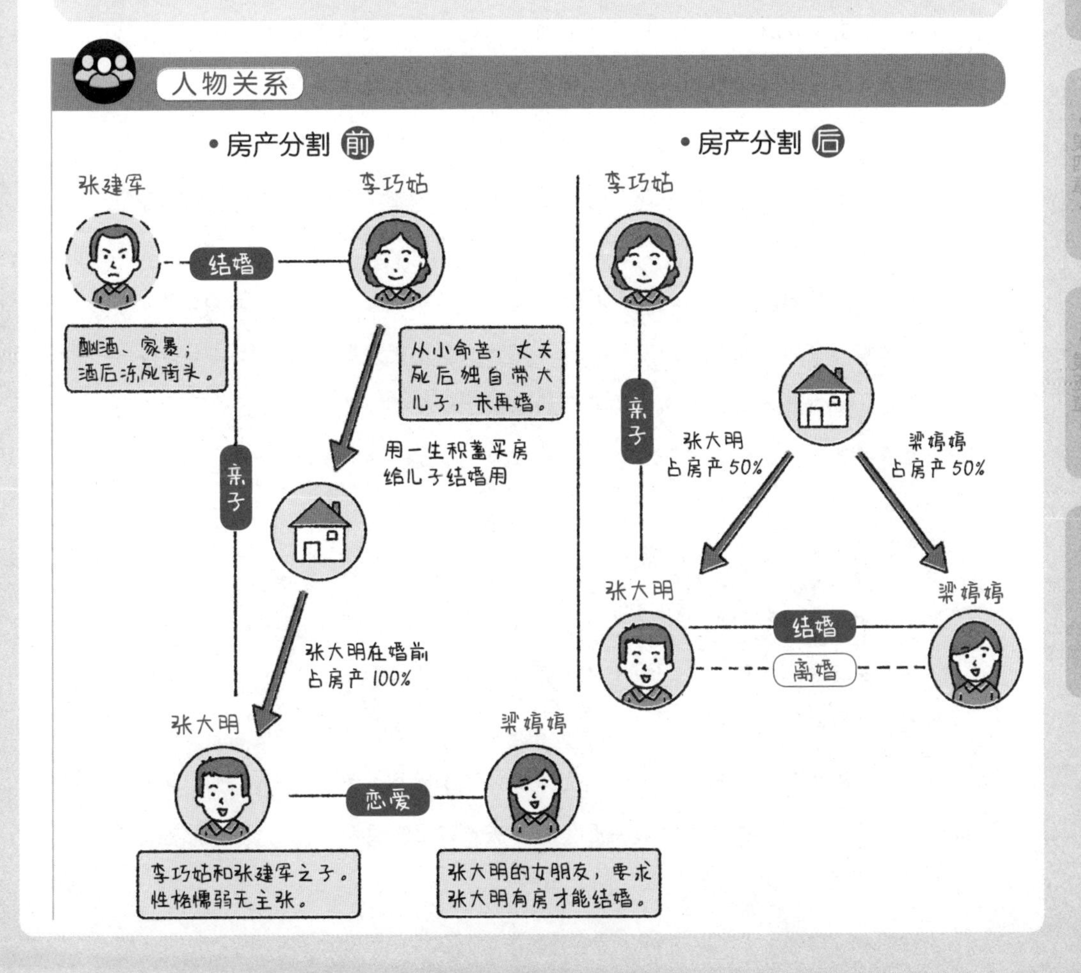

本案风险点

婚前个人财产有可能变夫妻共同财产

婚前全款给子女买房并写上子女的名字，并不能百分百保证任何情况下，房子都是只属于子女的个人财产。

律师说“法”

根据我国《中华人民共和国物权法》第九条的规定：

“房产为不动产，不动产权的设立以登记为效力。”

这里的登记，就是我们所说的房产证。房产证上登记谁是所有权人，这套房子就是谁的。因此，如果在结婚前，父母为子女购买婚房，在房产证上登记子女为单独所有权人，那么这套房子在法律上就是属于子女一方的婚前个人财产。既然是子女一方的婚前个人财产，子女便对该房产享有完全的处分权。本案中，李巧姑在房产证上只登记张大明一个人的名字，那么张大明就有完全的处置权。在结婚后，张大明将房产从个人单独所有变更登记为夫妻二人共有。根据《中华人民共和国合同法》第一百八十六条的规定，这种情形要按照赠与合同来处理，因此，该房产也就变成了张大明和梁婷婷的夫妻共同财产。在离婚时，应当本着平均分配的原则予以分割。因此本案中法院的处理并无不妥。

根据《中华人民共和国物权法》第九十七条的规定：

处分共有的不动产或者动产以及对共有的不动产或者动产作重大修缮的，应当经占份额三分之二以上的按份共有人或者全体共同共有人同意，但共有人之间另有约定的除外。

如果父母想要控制该房产，以免房屋被孩子随意处置，一种可能的方法是出资购买房子后，将自己的名字也登记在房产证上。这样一来，房子就变成了自己和孩子的共有房产。孩子要想处分该房产，必须经过共有权人的同意，如此一来，类似于本案中的情况则不可能发生。同样根据该条的规定，父母还可以以按份共有的形式，在房产证上登记超过三分之一份额的所有权，这样也可以限制子女处分该房产。

过分奉献而忽略了养儿防老的风险

李巧姑把自己毕生的养老身家全都拿去换作了儿子婚前的房产，一心指望养儿防老，完全没有自我养老规划的意识，让自己的后半辈子陷入没有保障的被动之中。

解决方案

父母如何赠与房产？近些年来，城市的房价持续上升，房屋成了普通老百姓最重要的财产之一。同时，一套房子也很可能会耗尽一个普通老百姓一辈子的积蓄。在子女结婚前，父母最担心的就是怎么给孩子买一套房子；而在离婚时，夫妻双方最关心的也是房屋产权的认定和分割问题。那么，父母应当通过什么方式来买房，才能达到对自己子女财富支持的目的呢？

此外，除了赠与房产与养儿防老，还有什么其他方法能够使父母和孩子的生活都能够有所保障，将幸福与财富增值传承？我们就通过以下几个方案来了解一下吧！

方案 1 房产登记添加父母名字，提前预防子女擅自更名或卖房

适用于 →

孩子结婚前，父母打算全款或部分出资给孩子买房，同时又不影响自己医疗、养老等刚需安排的家庭。

如果父母要想办法控制该房产，以免日后该房屋被孩子随意处置，实务中一般的做法是父母在该套房产上留有一定份额的所有权或者直接留有自己的名字。这样，孩子以后若想处分该房产，则必须经过共有人的同意。一般来说，只要父母在房产证上所有权一栏里面留有任何份额的所有权，孩子处分该房产时，父母都能知道；当父母所留有的份额超过三分之一时，子女在没有父母同意时则不能随意处分该房产。

如果父母不想控制该房产，只想防止日后孩子婚姻有变时保护自己的孩子，那么父母只需要在出资购买房屋后，将子女一人的名字留在房产证上，但是这无法控制像本案中的情况，比如子女在婚后自愿在房产证上写了对方的名字。

值得注意的是，像在北京、上海、深圳这样受限购政策影响的城市，如果孩子没有购房资格，父母有时会将房产登记在孩子对象的名下，这种情况下，则会视为父母在婚前对双方的赠与，法院一般会按照共同共有处理。相反，如果没有购房资格的限制，父母仍然将房屋登记到另一方的名下，那么法院一般会将此认定是以结婚为目的的赠与，为登记一方的个人财产。因此，在这种情况下，父母如果想完全保护自己的孩子的个人财产，那么宁可在房产证上登记自己的名字，也不要登记孩子对象的名字。

方案 2 合理配置家庭成员的保险保障

适用于 → 两代人相互照应的家庭。

治病医疗费、养老生活费，是老人未来大概率必须面对的财务问题。用专业合理的保险规划，趁身体健康的时候为未来提前做好打算，确保专款专用，不轻易被其他事项占用，才能过上有尊严的晚年生活。

理财名家 ——赛美有话说——

李巧姑一辈子省吃俭用，独立将儿子张大明拉扯大，非常艰辛。对于李巧姑而言，她一生要面临的风险，不仅仅是毕生积蓄（养老金）被转移用途的风险，还有孩子的婚姻风险、自己的医疗和养老的风险。她将最好的都留给了自己的孩子，而无暇去顾及自己的财务需求，特别是最基本的医疗保障和养老需求。

事实上，在拉扯儿子张大明的日子里，李巧姑如果懂得利用保险工具，将一部分风险通过保险配置进行巧妙化解，那么晚年生活质量也会得到很大提升。

越是经济压力大的家庭，越是难以承受风险。保险从“保人身”到“保资产”，从大事、小事到无事，只有做好了相应的规划，才能确保家庭稳定、人生幸福。对于李巧姑来说，保险首先要满足她及家人对“大事”“小事”“无事”的规划。

为什么说保险可以保证人生幸福？

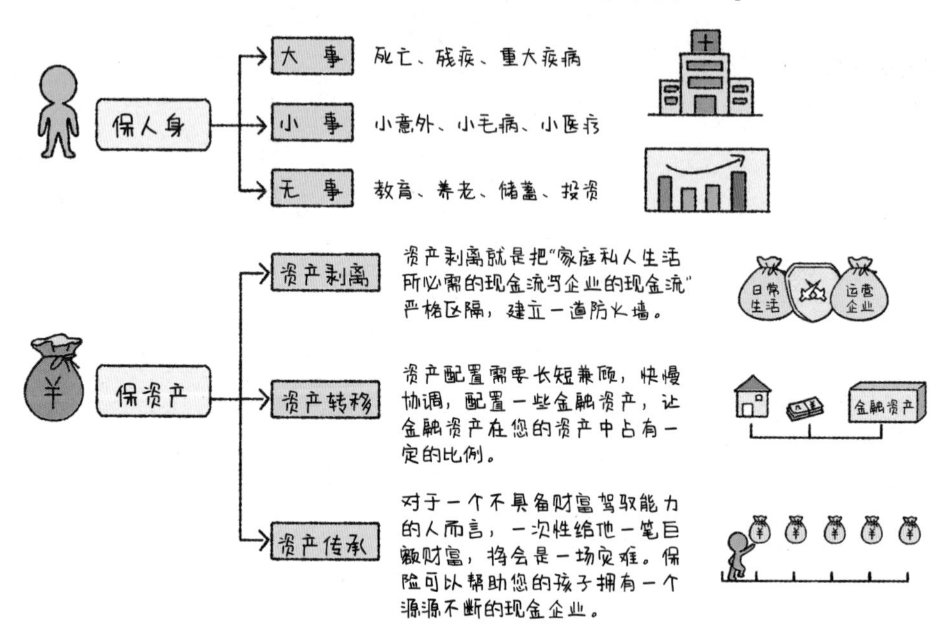

《中国经济生活大调查》发现，2017年中国百姓投资心态整体呈现“稳健”“保守”状态，“保险”成为人们投资的“香饽饽”，投资意愿2017年上升到了八年来的最高点。保险、住房、汽车成为小康生活新三件。

进一步想想原因，人生需要的保障层次是不是包括安全、健康、子女能够得到良好的教育、老人能够得到良好的赡养、自己也能够规避职业的风险？和谐社会由一个个美满的家庭构成。

怎么实现这些保障层次呢？为了让子女得到良好的教育，使下一代能够持续地发展，父母需要为孩子未来的教育金做一个保险安排；为了让老人们能够得到赡养，自己以后也能颐养天年，需要在有经济能力的时候准备好养老保险，为退休以后的生活提供保险保障。而主要收入的创造者们也应当通过购买保险，给自己的责任增添一份保障。

无论你有多富有，一场重疾，很可能夺走你的所有积蓄；一场意外，很可能让你一无所有。从贫穷到富裕很难很难，但从富裕到贫穷也许就是那么一瞬间！不要再逃避保险，千金难买早知道，万金难买想不到。

假如李巧姑的人生可以重新规划，那么她与张大明的保险方案可以按如下的思路去配置：

➡（一）李巧姑的保障规划

李巧姑将毕生的积蓄都留给了儿子张大明，帮助儿子在省城“站稳脚跟”、成家买房。无论是为了降低家庭的风险，还是作为一份孝心，张大明参加工作有收入后，都理应给母亲李巧姑规划在重疾、医疗、意外以及寿险方面的保障，并且拿出 10% 的收入给母亲规划一份养老险，确保母亲从 60 岁开始每个月可以领取养老金，做到医疗无忧、养老无忧。

重疾及医疗保障

张大明可以优先给李巧姑配置重疾等医疗保障，避免因疾病风险造成财务困扰，这也是确保母亲晚年过上有尊严的生活的必备条件。

保障类型	保额	预计保费投入	保障期	配 置 理 由
防癌险	10万元	1 000元以内	交10年保10年，最高续保到90岁	➡ 从过往的理赔大数据看，大约有78%的占比是因患癌症的理赔，配置专属癌症险，保费低，无财务压力
重疾险	20万元	5 000元以内	交20年保终身	➡ 对100种重疾有一个全面的保障，确保发生重疾风险时，可以提前得到一笔理赔金，确保两代人的生活不受影响
医疗险	60万元	1 000元以内	交1年保1年	➡ 搭配购买消费型的医疗险，可以弥补重疾险保障不够、保障不全的风险，除去社保报销以外，自费药也能够按比例得到相应的报销，确保当发生医疗风险后，得到高品质的医疗保障，而且储蓄不受影响
 提醒	保单相关权益人的设计应为：投保人为张大明；被保人为李巧姑；生存受益人（重疾的理赔或是医疗金的报销）是李巧姑；身故受益人为儿子张大明			

投保人、被保险人与受益人的利益分配

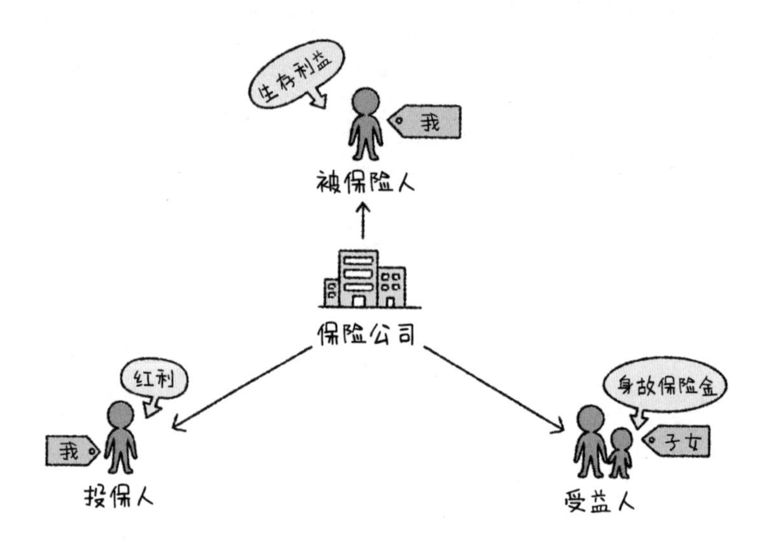

一张保单可以指定受益人，其中受益人可以是多个的，直系亲属中比如父母、子女、配偶等，这样使保险成为事实上的信托受益人。受益份额和受益顺序均可指定。（见《中华人民共和国保险法》第四十条）

养老保障

李巧姑的儿子张大明可以在工作期间，每个月强制给母亲留出购买养老年金险的保费约 1000 元，由李巧姑为自己投保一份养老年金险，连续缴纳 20 年。而李巧姑自己手上的储蓄，也无须全部给儿子买房，可以先留出 5 万元投入到养老年金险附加的“万能账户”里。因为“万能账户”是按天计息、按月复利结算的灵活账户，通过十年、二十年时间的复利滚动，这笔起初 5 万元的储蓄进入保险“万能账户”后，就像是“滚雪球”，将会发生巨大的变化。这样，当李巧姑在 65 岁退休后，每年可以领取专属养老金，避免出现储蓄都作为他用的风险。

➡（二）张大明的保障规划

在张大明结婚前，李巧姑可以为他投保定期寿险和医疗险，避免出现医疗风险或是人身风险导致储蓄被占用，或是老无所依的情况。

保障类型	保额	预计保费投入	保障期	配置理由
定期寿险	100万元	2000元/年	保障到45岁	➡ 通过消费型定期寿险可以让李巧姑在家庭责任最重大时期，以较低的保费获得最大的保障，特别是可以防范如果孩子出现人身风险，李巧姑获得一份足额的保障
医疗险	300万元	288元/年	交1年保1年	➡ 搭配购买消费型的医疗险，可以弥补重疾保障不够、保障不全的风险；除去社保报销以外，自费药也能够按比例得到相应的报销。确保当发生医疗风险后，依然能够得到高品质的医疗保障，而且储蓄不受影响

保单相关权益人的设计应为：投保人为李巧姑；被保人为张大明；受益人为李巧姑

本节关键词

法律关键词：婚前财产　个人财产　共同财产　离婚分割　房产权属

理财关键词：定期寿险　养老金规划　重疾险　医疗险　意外险

本节案例
所涉及的法律依据及相关解释

法·律·规·定·及·司·法·解·释

1 关于赠与关系的确定

《中华人民共和国婚姻法司法解释（二）》

● 第二十二条：当事人结婚前，父母为双方购置房屋出资的，该出资应当认定为对自己子女的个人赠与，但父母明确表示赠与双方的除外。

当事人结婚后，父母为双方购置房屋出资的，该出资应当认定为对夫妻双方的赠与，但父母明确表示赠与一方的除外。

《中华人民共和国婚姻法司法解释（三）》

● 第六条：婚前或者婚姻关系存续期间，当事人约定将一方所有的房产赠与另一方，赠与方在赠与房产变更登记之前撤销赠与，另一方请求判令继续履行的，人民法院可以按照合同法第一百八十六条的规定处理。

● 第七条：婚后由一方父母出资为子女购买的不动产，产权登记在出资人子女名下的，可按照婚姻法第十八条第（三）项的规定，视为只对自己子女一方的赠与，该不动产应认定为夫妻一方的个人财产。

由双方父母出资购买的不动产，产权登记在一方子女名下的，该不动产可认定为双方按照各自父母的出资份额按份共有，但当事人另有约定的除外。

2 保险受益人与受益份额的约定

《中华人民共和国中华人民共和国保险法》

● 第四十条：被保险人或者投保人可以指定一人或者数人为受益人。受益人为数人的，被保险人或者投保人可以确定受益顺序和受益份额；未确定受益份额的，受益人按照相等份额享有受益权。

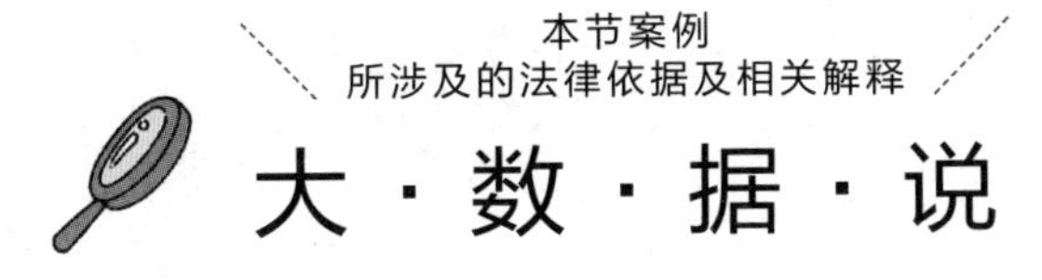

综合实务经验，根据《中华人民共和国合同法》《中华人民共和国物权法》和《中华人民共和国婚姻法》及其相关司法解释，涉及父母在婚前为子女买房的，其房产所有权归属见下表：

时间点	出资者	登记情况	法院一般的处理办法
结婚前	一方父母	自己子女名下	自己子女个人财产
	一方父母	对方子女名下	1.如果因为不具有购房名额不得已写在对方名下，按照共同共有处理 2.如果不是因购房名额限制，则视为赠与给对方子女的个人财产
	一方父母	双方子女名下	1.一般情况下属于出资方父母对自己子女赠与的个人财产 2.除非父母明确表示是对双方的赠与，才按照共同共有处理
	双方父母	双方子女名下	按照等额按份共有处理，平均分配
	双方父母	一方子女名下	无定论，综合考虑出资情况来处理

为了统计实务中类似案件法院的做法，在北大法宝上以“《中华人民共和国婚姻法司法解释（二）》第二十二条”为相关法条，搜索出的45份判决书中，具体情况见下表：

数据库	相关法条	判决书总量	法院判定为一方个人所有	法院判定为双方共有	其他情况
北大法宝	《中华人民共和国婚姻法司法解释（二）》第二十二条	45份	23份	16份	6份

案例 1-2

房子分给了两个最恨的男人

——如何避免给予子女的婚前财产在变成遗产后被变相瓜分？

案例重现

（本案例中的名字均为化名，如有雷同，纯属巧合）

去年年初的某个后半夜，马小玲被刺耳的电话声吵醒了，她接到深圳警察的电话。警察通知她，女儿邓薇跳楼自杀。马小玲瞬间感觉全世界只剩下悲痛。在女儿的葬礼上，她见到了她最恨的两个男人，前夫邓国民和女婿陈潇。

为什么这两个男人是她最恨的人呢？

在与前夫邓国民的婚姻中，前夫不仅和一个比自己大十几岁的离异女人李杰同居，还对自己进行家暴。经过三年漫长的离婚诉讼，在女儿 8 岁那年，马小玲才离婚成功。最终女儿判给了前夫，前夫与李杰结婚。

但让马小玲最崩溃的，是成年后的女儿居然在李杰的"撺掇"下和比自己大 11 岁的李杰的儿子陈潇在一起了！在劝说无果的情况下，为了能够让女儿婚后生活更好，在女儿婚前，马小玲为女儿在深圳全款购置了一套房子。由于担心女儿不懂处置房子，所以马小玲在房产证上登记自己拥有 50% 的产权，女儿拥有 50% 的产权。

让马小玲万万没想到的是，婚后陈潇一而再再而三地背叛女儿邓薇，导致女儿患上严重的抑郁症，并最终自杀身亡！但更让她气愤的事情还在后面。由于邓薇去世的时候并没有立遗嘱，因此这两个负心汉还要参与分割她送给女儿的房产。

马小玲实在不忍心看着自己多年辛苦拼搏而来的财产被两个背叛自己和女儿的人分去，于是一纸诉状再次将前夫和女婿告上了法庭，请求法院将自己在深圳全款购置的房产判归自己所有。

然而，根据《中华人民共和国继承法》的规定，父母、配偶、子女是第一顺位的法定继承人，法院最终判定邓薇的遗产由马小玲、邓国民和陈潇各继承 1/3，即女儿名下的 50% 房产份额，每人取得 16.66%。

人物关系 · 房产分割 前

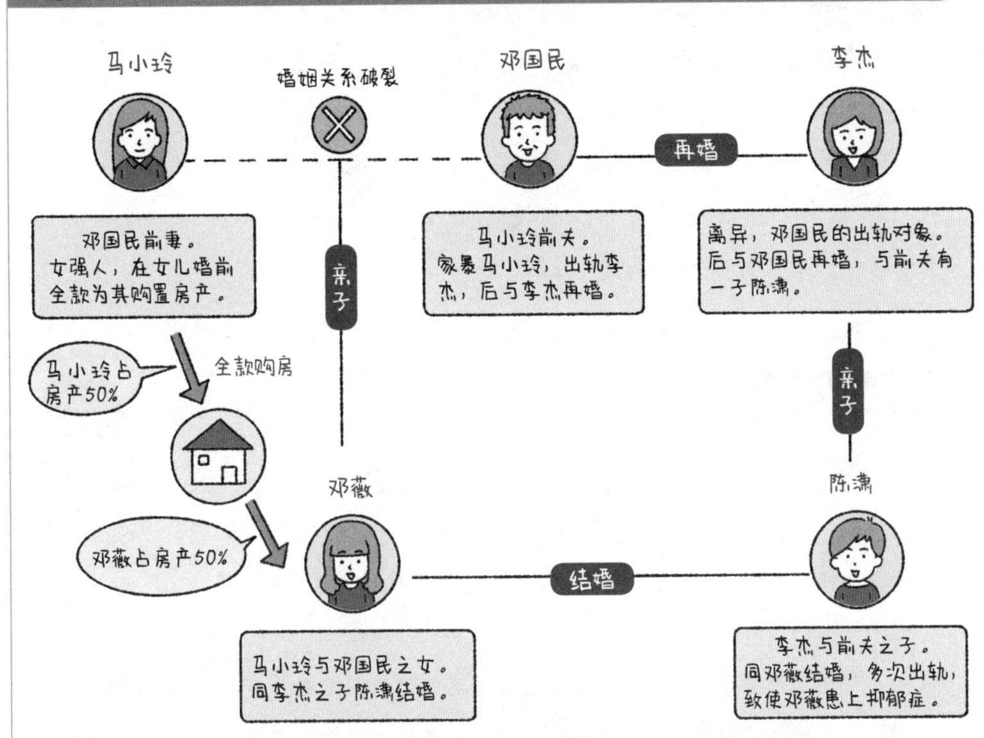

人物关系 · 房产分割 后

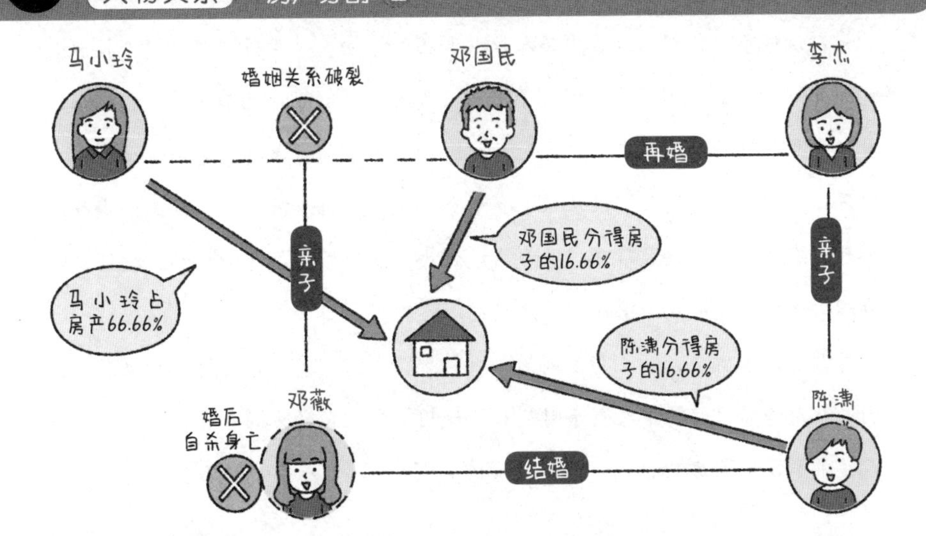

本案风险点

在无遗嘱的情况下，婚前个人财产变成可分割遗产

父母一般选择在子女结婚前为其购买房产。这样，购买的房产为子女的个人财产，并且父母通过在房产证上留有自己名字的方式，可以限制子女处分该房产。但是百密一疏，做父母的往往还忽略一点，即便是子女的个人财产，在子女出现意外身亡时，也逃避不了通过法定继承的方式被分割。

律师说“法”

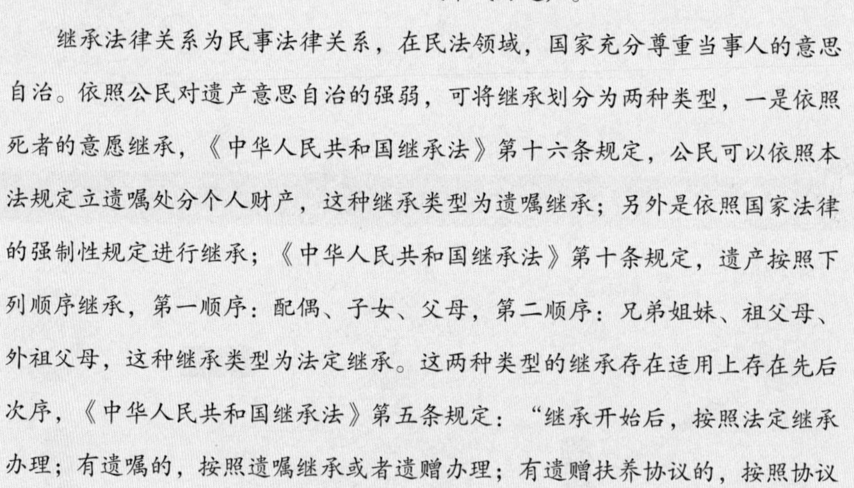

婚前财产仍属遗产

《中华人民共和国继承法》（以下简称《中华人民共和国继承法》）第三条规定，遗产是公民死亡时遗留的个人合法财产，所以作为子女的婚前个人财产自然也就顺理成章成为遗产。

继承法律关系为民事法律关系，在民法领域，国家充分尊重当事人的意思自治。依照公民对遗产意思自治的强弱，可将继承划分为两种类型，一是依照死者的意愿继承，《中华人民共和国继承法》第十六条规定，公民可以依照本法规定立遗嘱处分个人财产，这种继承类型为遗嘱继承；另外是依照国家法律的强制性规定进行继承；《中华人民共和国继承法》第十条规定，遗产按照下列顺序继承，第一顺序：配偶、子女、父母，第二顺序：兄弟姐妹、祖父母、外祖父母，这种继承类型为法定继承。这两种类型的继承存在适用上存在先后次序，《中华人民共和国继承法》第五条规定：“继承开始后，按照法定继承办理；有遗嘱的，按照遗嘱继承或者遗赠办理；有遗赠扶养协议的，按照协议办理。”因此，遗嘱继承优先于法定继承适用。

具体到本案中，女儿邓薇因为精神抑郁而自杀，其生前并没有订立遗嘱，因此邓薇身后遗留的个人合法财产只能适用法定继承的方式办理，根据《中华人民共和国继承法》的规定，邓薇的母亲马小玲，父亲邓国民和配偶陈潇应当平等分割邓薇的遗产。因此，女儿邓薇的大部分财产被邓国民和陈潇分得。尽管母亲马小玲在赠与给邓薇的房产证上留有自己的名字和份额，限制了女儿邓薇随意处分该财产的权利，但是这限制不了女儿的法定继承人依法继承女儿的财产。由于法定继承这种继承遗产的分配方式是法律的强制性规定，因此，要想规避这种强制继承的法律风险，一个有效的方式就是立遗嘱。

房子落入外人手中后，该财产的处分难度显著增加

在共有制度下，无论是按份共有还是共同共有，人数一多，房屋的处分就变得更为困难。

本案法院判决过后，还会有糟心的事情等着马小玲——前夫和女婿合计占有房屋份额的1/3。如果日后马小玲需要变卖房屋，还免不了这两个男人的签字同意。更不用说万一前夫也死了，其名下房产份额可能会流向破坏自己家庭的情敌李杰。这些绝不是马小玲买房时想要的结果。

不周全的财富规划会给当事人未来的生活带来后患

从本案可以看出马小玲是一个好妈妈，一心想为女儿的人生幸福保驾护航。但对于年龄渐长的她来说，其实也应该考虑自己的养老计划。虽然马小玲是一个事业型女强人，少了一套房子也不至于倾家荡产，但对于更多普通家庭的中老年人来说，倾尽所有为子女买房并不可取——这种孤注一掷的做法有可能让自己陷入余生艰难的境地。父母在为子女的未来添砖加瓦时，也应当留出一部分财富去规划自己的未来。

解决方案

对于很多中国家庭，给子女婚前买房可能倾尽父母所有。但父母总归期望孩子有婚房住，认为有房才有家，因此婚房不买不行。不少普通家庭的父母，在给孩子买房的时候，也抱着希望孩子成家立业后自己更能安心养老的想法。可是万一房子让子女转手送给别人了，或让白眼狼子女挥霍没了，岂不落得竹篮打水一场空？对于高净值家庭，给孩子买几套房都不是问题，送儿媳、女婿一两套都行。可是我们也都知道，鸡蛋不要都放在一个篮子里。“买买买”真的是最好的财富传承方案吗？到底如何做，才能把握自己的财富不被他人瓜分，又能增值传承呢？

下面我们来看看方案 1、方案 2、方案 3 的具体解说：

方案 1 买房买在父母方的名下

适用于

（1）父母双方夫妻关系存续且稳定，夫妻之间能够就给子女买房、夫妻俩一起立遗嘱的事宜达成一致的；

（2）父母一方给孩子买房时处于离异状态且没有再婚的（即和本案马小玲的状况一致）。

步骤 1 ➡ 父母方视经济情况买房，把握房屋的 100% 产权。

在马小玲的案件中，马小玲给自己保留了 50% 的房屋产权，另外 50% 赠与女儿。但更好的做法其实是自己掌握 100% 的产权，仅将房屋使用权赠与女儿。做出这样的安排，就能避免女儿在先于自己去世的情况下财产流向女婿。

值得注意的问题有两个

① 父母双方婚姻存续期房产归属问题

如果购买房产时父母双方在婚姻存续期，即便登记在一方名下也可能被认定为夫妻共同财产（除非该方能够证明购房款项完全来源于婚前个人财产）。

② 房产限购政策

如生活所在城市有房产限购政策，父母若已有房产，再在自己名下买房则难以实现。

因此，父母两人对于给孩子买房，以及后续的立遗嘱事项需要“一致行动”。如果意见不能一致，采取该方案可谓后患无穷。同样，如果案中的马小玲在给女儿买房时已经再婚了，即便马小玲将这套房子100%买在自己名下，再婚丈夫也是有份额的（除非马小玲能够证明购房款项完全来源于再婚前个人财产）。因此，对于夫妻间遗嘱不一致的客户，应当舍弃方案1，采用方案2，将房子买在子女名下。

另根据问题②中所出现的问题，因马小玲在深圳可能已经有一套房产，再在自己名下买套房难以实现。这种情况下，建议大家采用下面的方案2。

步骤❷ ➡ 父母方及时立下遗嘱，排除子女配偶的继承权。

当然，这样做还不够。做父母的还需要尽快立一份遗嘱。遗嘱中最重要的是申明，自己名下的财产仅由子女继承，只作为子女的个人财产，而不作为子女与其配偶的夫妻共同财产，子女（现在或未来）的配偶不得继承。如果不作这样的申明，根据现行法律，子女在其婚姻期间内继承所得的财产在子女离婚时会被视为夫妻共同财产进行分割。

步骤❸ ➡ 父母可建议子女在婚前立下遗嘱，指定若子女意外身故，其名下的财产先由子女的直系血亲继承，再由子女的配偶继承。

需要注意的是，父母方所立的遗嘱，只能安排到自己和子女这一步，如果在父母方去世后，子女也先于其配偶去世了，由于子女已经通过继承取得了父母的财产，那么该子女去世时，其配偶除了要在夫妻共同财产中分一半外，还会继承该子女的个人财产。这种情况，如果父母方希望进一步排除子女配偶的继承权，可以建议子女也立下遗嘱，约定子女名下的财产先由子女的直系血亲继承；如无直系血亲，再由配偶或他人继承。

方案 2 买房买在子女名下

方案 2-1 买房以后，子女帮父母代持

适用于 → 所在城市有房屋限购政策，父母方无法将房屋买入自己名下的。

步骤❶ ➡ 将房屋买在子女名下，并与子女签订代持协议。

如果采取这个方案，要和子女沟通好，将房子买在子女名下后，父母方和子女签订代持协议，说明由于限购政策，父母方不得已将房子买在子女名下。但房子由父母全额出资，房子实际上完全为父母方的个人财产，子女仅享有使用权。这样做以后，虽然外部看来这是属于子女的房子，但实际上父母方才是真正的所有权人，有效地避免了这套房产在子女意外身故时被继承。

步骤❷ ➡ 步骤 2 与步骤 3 同方案 1。

方案 2-2

父母方“借钱”给子女买房

适用于

作为父母的一方想给孩子买房但夫妻关系不睦、难以达成一致的。

步骤 ❶ 父母方与子女签署一张借条，约定父母方将购房款项出借给子女，然后将房屋购买至子女名下。

如果父母一方难以和自己的配偶达成一致意见的，也可以将房屋买在子女名下。但在买房之前要和子女签署一张借条，约定父母一方将购房款项 XXX 出借给子女，双方签名，注明年月日。

签署借条的好处有二

① 为房产信息提供证明

一是清晰地表明了这套房产的购房资金来源、购买时间，倘若子女日后卷入离婚诉讼当中，可以为法院认定房产属于子女婚前个人财产提供有利证据。

② 作为父母资产的保障

二是提高父母方的谈判力，留一个保障——父母和子女签的借条，父母方作为债权人，有权选择是否要求子女还款。大多情况下，父母不会要求子女还钱。但是，如果子女后续没有配合立遗嘱，甚至翻脸不认人，不给父母方养老，父母方至少可以凭借条诉至法院，要求子女还钱，总不至于人财两空。

步骤 ❷ 子女立遗嘱。

在买房后，父母方可要求子女尽快立下遗嘱，约定如子女意外身故，这套房屋先由子女的直系血亲继承，如子女已无直系血亲，再由配偶或他人继承。这个方案下，父母方自己无须立遗嘱。当然，立了更好。

理财名家

赛美有话说

提到遗嘱，我们通常的第一反应是这属于只有快要离世的长辈才会考虑去做的安排。之所以有这样的反应，与长期以来民众的财商教育普及不足有关，更因绝大多数人对于家庭财富的管理、继承、资产的传承等没有一个基本的概念。很多人认为这是特别有钱的家族才会做的事情，和自己没有关系；或是碍于情面，担心提到遗嘱这种和死亡有关的话题，引起家人的反感。

我们的一生会有很多心愿。关于财富，把钱留给自己最爱的人，一定是每个人最大的心愿。如果马小玲为自己提前立了遗嘱，那么她的财产，就能成为女儿邓薇的个人财产，即使女儿日后发生离婚风险，她的财产也不会被女婿陈潇分走。

但是仅仅是马小玲自己立遗嘱远远不够，女儿邓薇也同样需要。就像本案所说，没有人能预测人生风险到底什么时候来到，如果不做风险管理，就只能做危机处理。女儿邓薇走在了母亲的前面，白发人送黑发人。如果邓薇提前立了遗嘱，确定自己将来的个人财产由母亲马小玲继承，就不会出现按照法定继承顺序：第一顺序继承人配偶、父母、子女都来分割财产的情况。

提前确定遗嘱和年龄没有关系，而是由我们对于家庭财富的传承、安排、心愿和意识决定的。同样，订立遗嘱和自己家庭拥有多少财产也没有任何关系。现在法院处理的财产分割案件当中，因为没有提前确定遗嘱，只能适用法定继承，导致出现了非常多的房产、现金纠纷案。

所以遗嘱的安排，只是提前使用法律的工具来实现我们自己的心愿。并且这个心愿是随着我们人生的不同阶段、我们的愿望的变化而变化的。或许将来邓薇有了孩子，那么在她的财产安排心愿里，除了把财产留给生养她的母亲——马小玲，还包括了她自己的孩子。即使自己不在了，孩子依然可以享受来自母亲的爱的呵护。

方案 3
配置保险

由上可见，囿于婚姻法中的各种规定，想要有效地实现房屋的传承并不是一件容易的事，需要针对不同的家庭情况设计不同的传承方案，而且极度依赖于家庭成员之间的沟通、配合。看起来房屋并不是一个完美的传承手段，那么，对于资金更为充裕的家庭来说，是否存在更省心、沟通成本更低的财富传承手段呢？

案例中的马小玲经受了不幸的婚姻损失，然而这样的不幸，在女儿身上重演。既然母亲马小玲实在拦不住女儿和陈潇结婚，那么她应该怎样做，才能保护好自己辛苦奋斗的财产不被分割呢？

除了购置房产，还有更好的方式吗？如何让这份爱不落空？

在当前的法律框架下，对于婚前财产规划和财富传承，其实保险是一个非常好的合理避税、保全资产并可以增加豁免权益的规划，也可以成为家庭中一项特定的资产管理模式。

通过科学地规划保单结构，保险可以做到有效隔离婚姻风险，帮助马小玲实现作为母亲送给女儿的一份最长情的陪伴的愿望。

以马小玲全款为女儿在深圳买房为例，房子虽然在女儿名下，但出资人（马小玲）却失去了对资产的监督权和控制权。假如以保险（年金险）来规划这份婚前资产的安排，其结果就会大不相同：

通过配置“婚嫁金”（年金险），母亲作为投保人，女儿作为被保险人（女儿邓薇拥有对这笔钱的使用权，母亲马小玲拥有对这笔钱的掌控权）。

➡（一）给女儿邓薇配置保险年金

保障类型	保额	大约保费投入	保障期	配 置 理 由
年金险	—	100万元/年 （交5年）	保终身	➡ 作为母亲，马小玲以年金形式为女儿规划一份“婚嫁金”，可以起到三个作用： 1.为女儿规划一个与生命等长的“现金流企业”，不但是资产安全保值增值的方式，同时随着时间的累积，享受保险公司带来的年度红利。 2.每年产生的生存金可以作为女儿日常灵活使用的资金。 3.马小玲作为投保人，还具有对保单的管理权和控制权，有效规避因婚姻或是人身意外而带来的婚前资产被分割的风险。
	保单相关权益人的设计应为：投保人为马小玲；被保人为女儿邓薇；生存受益人（年金领取）是邓薇；身故受益人为马小玲			

配置理由

保险年金就好像马小玲给女儿买的一套虚拟房产，马小玲作为投保人，女儿邓薇作为被保险人，身故受益人是马小玲本人。通过这样的科学的保单设计，会有怎样的效果呢?

首先，每一份保险合同，都有四个重要的角色，分别是投保人，被保险人，受益人和保险人（保险公司）。这份年金险的保险合同的掌控权归马小玲，女儿邓薇作为被保险人有什么样的权利呢?

保险年金享有的权利是，被保险人只要在生存期间，每年都可以领一笔生存金。相当于母亲马小玲给邓薇规划了一笔与她生命等长的现金流，就好像这套“房子”是妈妈买的，女儿在使用，女儿每年都可以把这套“房子”产生的租金和收益作为自己的生活开支来使用。因为这笔财产的掌控权在马小玲手上，女儿只拥有使用权，这就解决了马小玲担心女儿太年轻，怕她不会处置财产的问题。

同时，这样的保单设计，由于这份保单是由母亲马小玲全额出资投保，所以保单是受法律保护的，即使女儿发生了离婚的风险，也不会被分割。这样的一套虚拟房产，才是真正属于女儿个人所有的婚前财产，是 100% 属于女儿的婚嫁金。

又因为这份年金险的受益人是马小玲自己，即使女儿邓薇因为自杀身故这样的人身意外风险，走在了母亲马小玲前面，年金险的身故赔偿金仍会归马小玲所有，而不会出现马小玲自己全资买的房子最后被自己最恨的两个男人分走 1/3 的悲剧。

资产管理的方式不同，后果与效果也不同

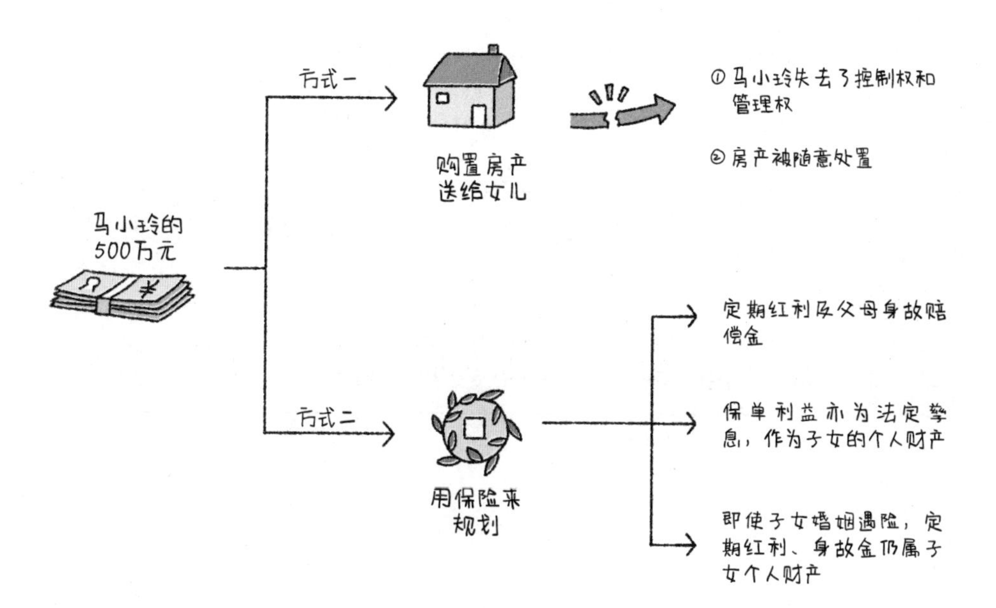

（二）给女儿邓薇配置人身保障类保险

马小玲忽略了女儿会发生自杀这样的人身意外风险，所以为了转嫁风险，需要为女儿规划人身保障类保险。她的保障规划可以不仅仅着眼于如何防范医疗风险或疾病风险，更可以从生命资产的传承、税收的筹划方面去规划。

保障类型	保额	保障期	配置理由
终身寿险	200万元	保终身	通过保险的“指定信托”功能，以身故为给付条件的保险规划，不管是因为疾病，或是自杀（两年后）身故，使得马小玲在女儿离世的悲痛之时可以拥有一笔资金的安慰
意外险	200万元	交一年保一年	对冲女儿邓薇因为意外造成的身故带来的风险
重疾险	100万元	保终身	规划一份与生命等长且保额不断增长的重疾险，不但是资产安全保值增值的方式，更是作为女儿的生命资产，让身价随着时间的累积，享受保险公司带来的年度红利，让生命资产越来越高。这样的规划，不仅仅解决女儿的医疗品质需求，如果一生健健康康，还能作为一笔资产传承给下一代
医疗险	200万元	交一年保一年	补偿因为重大意外或者重疾住院产生的高额医疗费用
 保单相关权益人的设计应为：投保人为马小玲（母亲）；被保人为邓薇（女儿）；生存受益人（重疾的理赔）是邓薇；身故受益人为马小玲（母亲）			

本节关键词

法律关键词：婚前财产　个人财产　遗产分割　遗嘱继承　法定继承　继承顺序

理财关键词：终身寿险　重疾险　年金险　意外险

本节案例
所涉及的法律依据及相关解释

法·律·规·定·及·司·法·解·释

1 夫妻共同财产的范围

《中华人民共和国婚姻法》

● 第十七条：夫妻在婚姻关系存续期间所得的下列财产，归夫妻共同所有：（一）工资、奖金；（二）生产、经营的收益；（三）知识产权的收益；（四）继承或赠与所得的财产，但本法第十八条第（三）项规定的除外；（五）其他应当归共同所有的财产。夫妻对共同所有的财产，有平等的处理权。

《中华人民共和国婚姻法》

● 第十八条：有下列情形之一的，为夫妻一方的财产：（一）一方的婚前财产；（二）一方因身体受到伤害获得的医疗费、残疾人生活补助费等费用；（三）遗嘱或赠与合同中确定只归夫或妻一方的财产；（四）一方专用的生活用品；（五）其他应当归一方的财产。

《最高人民法院关于适用〈中华人民共和国婚姻法〉若干问题的解释（一）》

● 第十九条：婚姻法第十八条规定为夫妻一方所有的财产，不因婚姻关系的延续而转化为夫妻共同财产。但当事人另有约定的除外。

➡ 根据上述三个条文，可以得出两个推论：

（1）婚姻存续期间购买的房屋即便仅登记在一方名下，也属于夫妻共同财产，除非购买房屋的款项完全来源于该方的婚前财产；

（2）如父母方在遗嘱中明确约定房屋仅由子女继承，与子女配偶无关，则发生继承后房屋归入子女个人财产；反之，如果遗嘱中没有这样的约定，则发生继承后房屋归于子女的夫妻共同财产。

2 遗产的范围

《中华人民共和国继承法》

● 第三条：遗产是公民死亡时遗留的个人合法财产，包括：

公民的收入；公民的房屋、储蓄和生活用品；公民的林木、牲畜和家禽；公民的文物、图书资料；

法律允许公民所有的生产资料；公民的著作权、专利权中的财产权利；公民的其他合法财产。

《中华人民共和国继承法》

● 第二十六条：夫妻在婚姻关系存续期间所得的共同所有的财产，除有约定的以外，如果分割遗产，应当先将共同所有的财产的一半分出为配偶所有，其余的为被继承人的遗产。遗产在家庭共有财产之中的，遗产分割时，应当先分出他人的财产。

➡ 结合上述两个条文，应当作如下理解：被继承人的遗产范围 = 被继承人与其配偶的夫妻共同财产的 1/2+ 其他共有财产中的相应份额 + 被继承人的个人财产。也就是说，哪怕夫妻之间实行分别财产制，或彼此间不存在夫妻共同财产，一旦按法定继承进行继承，被继承人的个人财产也会被其配偶所继承。

3 代持协议的效力

代持协议本质上属于合同。

《中华人民共和国合同法》

● 第五十二条规定了若干种合同无效的情形：（一）一方以欺诈、胁迫的手段订立合同，损害国家利益；（二）恶意串通，损害国家、集体或者第三人利益；（三）以合法形式掩盖非法目的；（四）损害社会公共利益；（五）违反法律、行政法规的强制性规定。在审判实践当中，一般认为出于规避购房政策而签订的代持协议不属于上述合同无效的情形，即一般认定房屋代持协议有效。

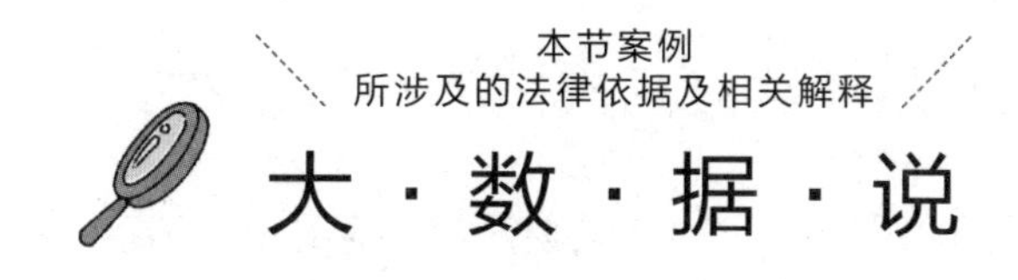

随着老百姓个人财产的增加，继承逐渐成了人们关心的话题之一。要不要立遗嘱？法定继承的顺位如何？立了遗嘱是不是就意味着一定有效，意味着可以不用把财产分给不想给的人了？甚至有的老百姓心里觉得，自己的遗嘱继承不能对抗法定继承。

2015年继承案件纠纷判决书	2016年继承案件纠纷判决书	婚生子女继承所占比例	配偶继承所占比例	其他身份继承	房产所占被继承财产比例
137份	374份	47.57%	26.53%	25.9%	大于50%

根据某省份的大数据分析，2015 年有关继承案件纠纷的判决书一共为 137 份，而从 2016 年开始，判决书则一下子增加到了 374 份。案件涉及的继承人，占比最高的是婚生子女，在整理的判决中，涉及婚生子女 450 次，占比 47.57%；配偶紧随其后，为 251 次，占比 26.53%；而在所有继承的财产中，房产占被继承财产的半数以上。因此在继承中，房产的重要性不言而喻，因继承而使得房屋所有权变动的案例也越来越多。

根据 2016 年北京所有法院的数据统计情况，85% 的纠纷为法定继承纠纷和遗嘱继承纠纷，这说明在实践中，大部分继承纠纷都源于没有遗嘱或者因遗嘱效力问题产生争议。在北京，继承案件中涉及比较多价值相对较大的遗产也是房产，有关房产的分割方式也一直是法院裁判的主要内容。根据统计的结果，53% 的案件涉及房产，其中，法院判决按份共有的占 54%，判决折价补偿的占 46%。

【及时拟定析产协议】因此，不论是否出现继承事由，在家庭成员财产共有的情况下及时分割共有财产或拟定析产协议是必要的。明确权利、财产的归属，以防止由于财产共有时间过长而导致个人遗产范围难于认定；同时，在拟定析产协议时要注意其效力问题，以免出现新的争议。

案例
1-3

婚前协议究竟是机智还是天真

——如何避免自己的婚前财产在婚后陷入还债纠纷？

案例重现

（本案例中的名字均为化名，如有雷同，纯属巧合）

陆涛坐在车里，回想着自己的家族企业一步步衰落的过程，发妻夏琳也弃他而去。万念俱灰之下，他全力踩下油门冲向桥边的栏杆……

为什么一个曾经叱咤风云的商业精英竟会自寻短见？

故事要从五年前说起。陆涛是家族企业的接班人，年少气盛的他追逐现代互联网金融的风潮，将传统的家族企业改革升级，专注于互联网金融领域。夏琳是陆涛企业的高管，美貌与智慧并存。在日常的接触中，二人相互吸引，坠入爱河，陆涛准备向夏琳求婚。

陆涛的家人为了防止日后离婚导致家族财产外流，要求陆涛聘请律师做好婚前财产协议。协议约定：在婚姻关系存续期间，陆涛和夏琳各自名下的财产归各自所有，各自的债务也由各自承担。夏琳也理解陆涛家人的想法，于是同意了签订婚前财产协议。

婚后，夏琳继续在企业担任高管，陆涛不断扩张自己的企业规模。

但随着政府对互联网金融市场进行整顿并加强监管，陆涛旗下第三方支付机构的大量托管资金被监管机构管控和调整，资金短缺骤然被放大数倍；再加上企业扩张步伐太快，金融产品设计不完善，使得互联网金融企业期限错配的风险更加放大，企业资金无法满足到期产品的兑付需求。陆涛不得不向高利贷大量借款，高额的债务利息使企业财务状况加剧恶化。而此时银行原本承诺发放的贷款未能如期发放，导致企业资金链断裂，陆涛只能低价处置公司资产为公司的资金链输血，此举又使公司业务更加难以为继。在朋友邀约之下，想借赌博东山再起的陆涛反倒又欠下巨额赌债。

银行和高利贷债主见陆涛还不起钱，于是便向夏琳追讨。夏琳也无法偿还如此巨额的债务，于是拿出陆涛与自己签订的婚前财产协议，然而债权人却不予承认。夏琳一气之下收拾行李远走海外。最终各债权人纷纷向法院提起了诉讼。

债主们提出的诉讼请求为：（1）判令陆涛偿还欠款；（2）判令夏琳对陆涛的债务承担连带还款责任。而夏琳也将自己和陆涛签订的《中华人民共和国婚前财产协议》作为证据提交给了法庭，辩称此婚前协议可以免除自己的还款责任，因为夫妻双方在婚前财产协议里明确约定夫妻财产归各自所有，债务归各自承担。

法院认为：尽管陆涛和夏琳在结婚前根据《中华人民共和国婚姻法》第十九条的规定签订婚前财产协议，约定财产归各自所有，但是该协议在不为第三人知道的时候，仅仅视为夫妻双方之间的财产约定，也仅对夫妻双方具有约束力。只有在第三人明确知道夫妻双方财产约定的情况下，该约定才对第三人有效，如此，该债务才得为夫妻一方的个人债务，债权人不得向夫妻另一方主张权利。本案中，夏琳无法举证证明在陆涛向第三人借款时，第三人明确知道夏琳和陆涛之间的婚前财产协议约定。因此，该婚前财产协议不对第三人产生约束力。

综上所述，陆涛所欠这些债务都为夫妻共同债务，夏琳应承担连带还款责任。夏琳承担还款责任以后，可根据夫妻二人之间签署的婚前财产协议向陆涛追偿。

而原本独生子女家庭长大的陆涛因受不了人生的大起大落，于是出现了本文开头的那一幕。

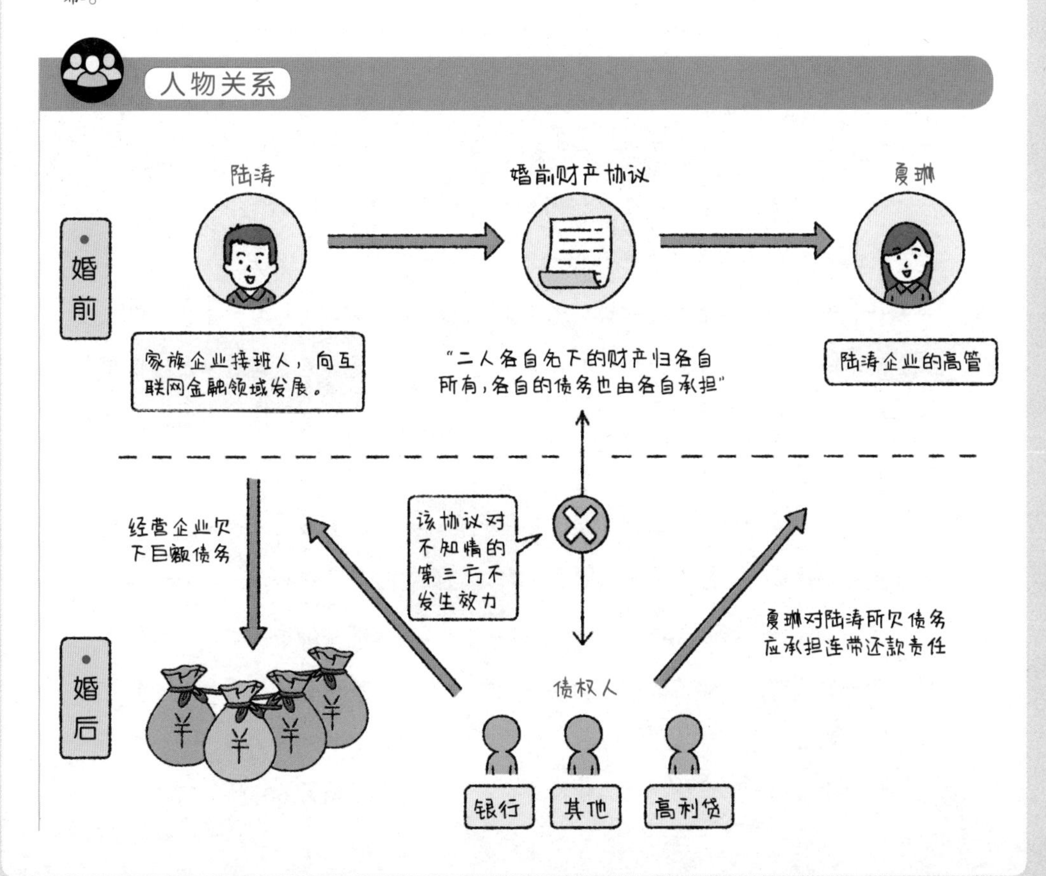

本案风险点

一个家庭中一旦有一方涉及经营公司，最常见的风险就是在资产与债务上家企混同

家企混同中，资产混淆在一起，负债同样也说不清道不明。哪些是公司的资产，哪些是家庭的财产，哪些是因公司经营产生的债务，哪些是家庭的债务……如果没有提前做好财务规划的话，将会使家庭陷入无法预估的未知风险中。

债务隔离，并不只是一纸协议就万事大吉

从书面到实际操作，要想得到法律的保护，就要学会保存完整的证据链。市场有风险，涉足其中最好与律师和财务顾问保持稳定的合作关系，多做事前预防，就不用等到一切都岌岌可危时才发现补救已晚。

律师说“法”

婚前财产协议的双重效力

婚前财产协议，从感情上说，对结婚时财产状况处于弱势的一方而言，可能会觉得这是“赤裸裸的不信任和提防”，不利于日后的家庭和谐生活，甚至摧毁一场姻缘。实际上随着改革开放与国际接轨，以及社会的不断发展，传统的婚恋观也在发生变化，并且更多地受到西方婚姻家庭观念的影响。带着个人意思自治与平等自由的理念，婚前财产协议逐渐走进了我国的婚姻家庭。

根据《中华人民共和国婚姻法》第十九条的规定：夫妻双方可以通过协议的方式对婚姻关系存续期间的财产作出约定。但是值得注意的是，该条文最后的规定：当第三人不知道该约定时，该协议对第三人不发生法律效力。也就是说，在一般情况下，婚前协议仅仅具有对内效力，而不具有对外效力，除非第三人知道该情形。

本案中，陆涛和夏琳签订婚前财产协议，约定在婚姻关系存续期间夫妻双

方的财产归个人所有，内容合法，双方在签订婚前财产协议时意思表示真实，因此该协议应当有效。值得注意的是，此处的有效仅为对内效力，而非对外效力，陆涛此后每次对外举债时，债权人并不知道陆涛和夏琳的该约定，因此该约定对外无效。对于第三人来说，陆涛所欠的债务依然为夫妻共同债务，由陆涛和夏琳承担连带责任。因此，对于处于弱势一方的夏琳而言，应该想办法令陆涛在每次对外举债时，向债权人出示此婚前财产协议，取得债权人知道其夫妻二人签订分别财产制的情形。

解决方案

综上，针对本案中婚前财产协议隔离了双方财产却没有隔离债务的问题，从法律知识和理财计划上，我们可以通过以下方案来规避风险：

方案 1 启动婚前财产协议的对外效力

方案 1-1 在婚前财产协议中特别增加债务隔离的约定

适用于 → 签订婚前协议隔离婚前个人财产的家庭。

例如在本案中，夏琳可以在签订婚前财产协议时特别增加一款约定：如若陆涛对外举债时，未向债权人出示婚前财产协议，并取得债权人知悉的证明，则婚前财产协议约定归于无效，双方仍应实行夫妻财产共有制。以此来防范本案例中出现的未享有夫妻共同财产的权利，却承担夫妻共同债务的义务，出现权利义务完全不对等的法律风险。

方案 1-2

及时向债权人明示婚前协议

在本案中，夏琳和陆涛的婚前财产协议中没有债务隔离的约定，那么夏琳得知陆涛的债务关系时，应当尽早向债权人明示婚前协议，启动对外的效力，并通过书面的方式，让债权人清楚，借给陆涛的钱，自己不承担连带偿还责任。这种方法能有效地避免夏琳陷入陆涛家族企业的经营纠纷中。

但是此举在实际操作中却有一定难度，一方面是存在找寻债权人的难度，另一方面是沟通确认、书面保留依据的推进难度。因此，这种方法或许能解决部分的债务隔离问题，但很难百分百做到完全脱离债务干系。

方案 2 用保险规划资产，企业与家庭并行不干扰

将陆涛夏琳家的现金类资产进行隔离，形成防护墙，不与企业的经营资金混淆。

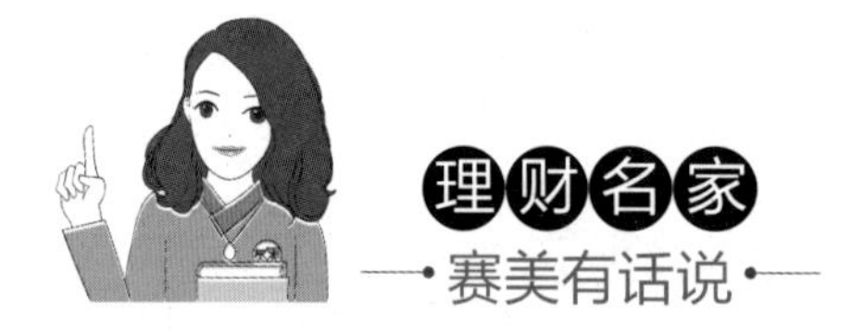

从出生到终老，人这一生总是充满了各种不确定性。意外伤害、婚姻风险、大病医疗、企业经营风险、高额税赋……而人生又有众多的体验需要去感受，有众多的责任需要承担，子女教育、赡养父母、养老生活……这就使得我们必须要学习用好财富管理工具，特别是保险，它是一个科学的制度，可以有效帮助我们对冲人生的不确定性和风险。

稳妥的人生需要用最科学的方法
安排收入与支出

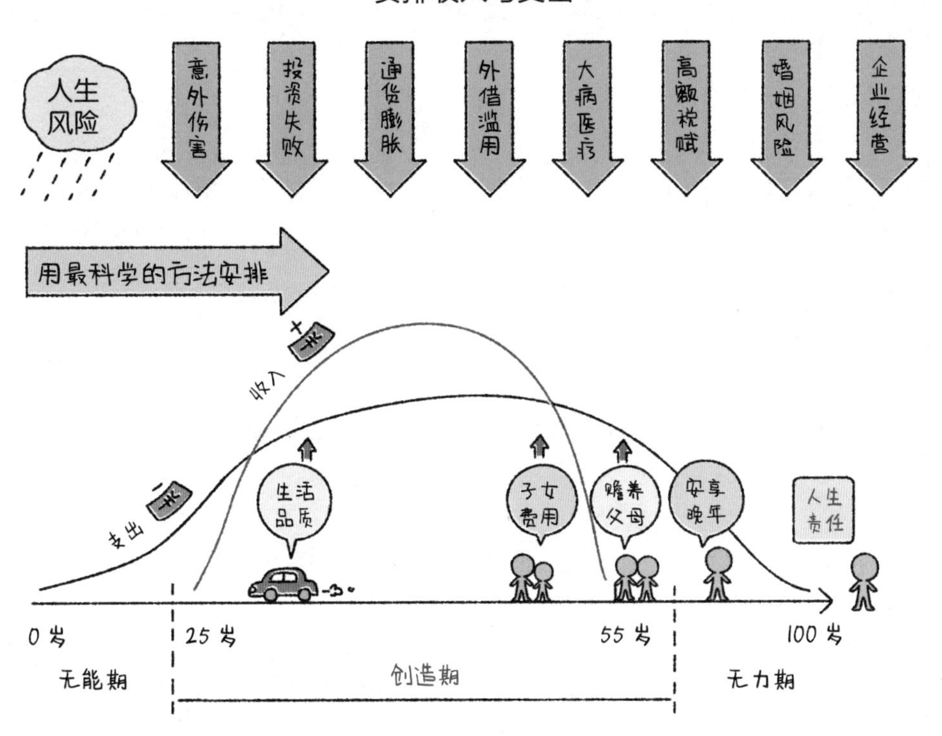

夏琳和陆涛在事业经营得“风生水起”的时候，却忘了给家庭资产加一道“防护网”。当企业面临行业风险、政策风险，进而带来经营风险以及债务风险时，作为创业者，可以通过保险的专属性来帮助自己做规划，从而有效地将企业资产与家庭资产进行隔离。

➡（一）夏琳的保障规划

夏琳是企业高管，年收入自然不菲。虽然嫁给了企业家，但生活也并不“保险”。在本案中，夏琳与陆涛签订了婚前协议，约定了婚后财产归各自所有，却还是陷入了丈夫的债务纠纷之中，不得不拿出自己的积蓄背负丈夫的巨额债务。

其实作为女性，医疗、养老是人生的刚需，夏琳可以将年收入的一部分作为保险配置，帮助自己规划专属性资产。

保障类型	保额	大约保费投入	保障期	配 置 理 由
高端医疗险	300万～800万元	5 000～50 000元不等	保障到80岁	夏琳对生活品质有较高的要求，医疗品质也不例外。普通公立医院的环境或服务水平，可能难以满足她的需求。通过高端医疗险，可以让夏琳在国内、亚洲内、国际地区甚至是全球范围内预约私人医院、昂贵医院或公立医疗及其国际部服务。同时，在保险公司签约网络内的医院，夏琳还能享受由保险公司直付医疗费的服务，让生活更加安心
重疾险	100万～200万元	20 000元以内	保终身	虽然夏琳配置了高端医疗险，解决了在医院内发生的高额医疗费用问题，但由于因病休假期间产生的的陪护费、房贷或是家庭支出等并不能得到报销。而通过重疾险，可以额外拿到一笔“收入”，免去财务上的压力
年金险		年收入10%～20%	保终身	将年收入的一部分，作为夏琳的专属养老金安排，一方面养成了固定的资金安排和财务习惯，另一方面在有收入的时期为品质养老生活提前安排

保单相关权益人的设计应为：投保人为陆涛；被保人为夏琳；生存受益人（重疾理赔或生存金领取）是夏琳；身故受益人为陆涛（也可以安排20%～40%比例将受益份额指定为夏琳的父母）

➡（二）陆涛的保障规划

陆涛是企业主，经营着多家企业，应当每年将企业的分红通过保险这一工具，将企业红利进行“固化”和“锁定”，同时通过对保单结构的设计，有效规避债务风险。

保障类型	保额	大约保费投入	保障期	配置理由
重疾险	100万～200万元	20 000元/年	保终身	30～45岁是男性打拼事业的黄金期，在这个时期也特别容易忽略健康管理，陆涛为自己规划高额的重疾保障后，可以减少现金流的储备压力，将心思专注于企业经营上
高端医疗险	800万元	500～50 000元不等	交1年保1年，最高续保到80岁	像陆涛这样的企业主，除了对医疗条件和医疗服务水平有着较高的要求以外，时间也是最宝贵的，快速恢复健康，才是对家庭、对自身、对企业最好的保护。通过高端医疗的专属服务通道、绿色预约电话、医院陪同就诊服务、药品直送及海外就医，全球紧急医疗救援及转运等保障的全面覆盖，每年医疗报销的额度高达300万～800万元，全年全天候不间断医疗咨询与双语服务。同时，自动续保至80周岁，还有保证续保的条款，充分体现了客户的尊贵性
寿险	1 000万元	5万～10万元不等	定期寿险与终身寿险组合	陆涛在打拼事业期间，如果发生人身风险，可以确保这笔资金帮助自己履行家庭责任，覆盖家庭的房贷（负债），让父母及爱人生活品质不受影响
意外险	私家车500万元航空1 000万元	2 000～8 000元/年	交10年保30年	陆涛是商务人士，各类公务出差比较频繁，选择为自己规划高额的意外险，为家人提供一道安全的“保护网”

保单相关权益人的设计应为：投保人为夏琳；被保人为陆涛；生存受益人（重疾的理赔）是陆涛；身故受益人为夏琳（也可以安排20%～40%的比例将受益份额指定为陆涛的父母）

本节案例
所涉及的法律依据及相关解释

法·律·规·定·及·司·法·解·释

■ 婚前与婚内财产的约定

《中华人民共和国婚姻法》

● 第十九条：夫妻可以约定婚姻关系存续期间所得的财产以及婚前财产归各自所有、共同所有或部分各自所有、部分共同所有。约定应当采用书面形式。没有约定或约定不明确的，适用本法第十七条、第十八条的规定。夫妻对婚姻关系存续期间所得的财产以及婚前财产的约定，对双方具有约束力。夫妻对婚姻关系存续期间所得的财产约定归各自所有的，夫或妻一方对外所负的债务，第三人知道该约定的，以夫或妻一方所有的财产清偿。

本节关键词

法律关键词　婚前协议　家企混同　夫妻共同债务　债务隔离

理财关键词　家企混同　资产隔离　年金险　现金规划

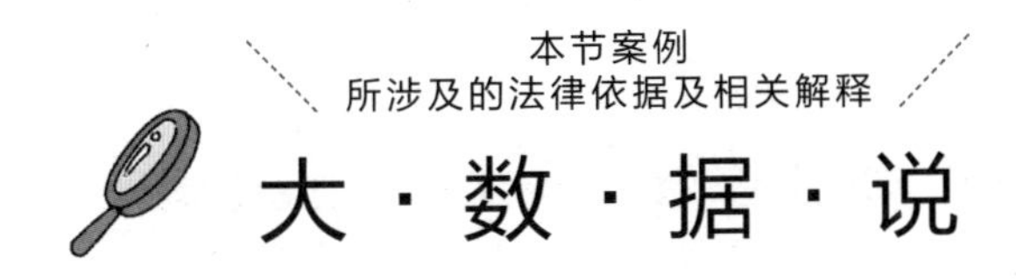

根据《深圳特区报》的不完全调查，被调查的青年中，有 40% 的人认为，婚前协议让婚姻多了一份理性保障，同时也有 60% 左右的未婚青年表示不愿意在婚前签订协议，担心因此而伤害感情。

根据问卷网的调查，被调查的大学生中，只有 11.43% 的人了解婚前协议，还有 45.71% 的人根本不了解婚前协议。

您了解什么是婚前协议吗?

（答题人数 35 人）

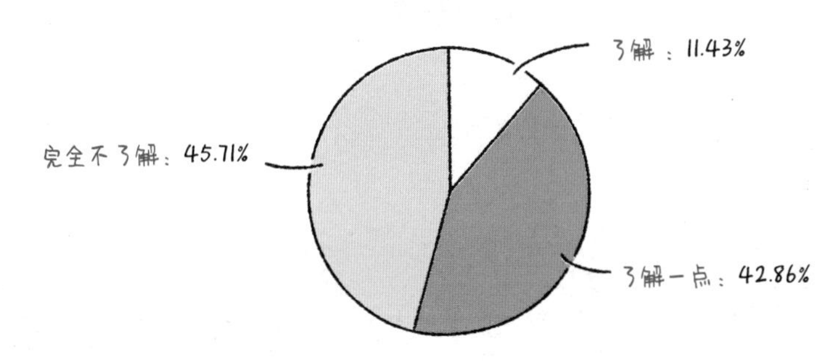

关于对婚前协议的认识，有一半以上的学生认为婚前协议有助于预防和解决家庭矛盾。被调查的大学生作出了如下图的回答：

您是如何看待婚前协议的?

（答题人数 35 人）

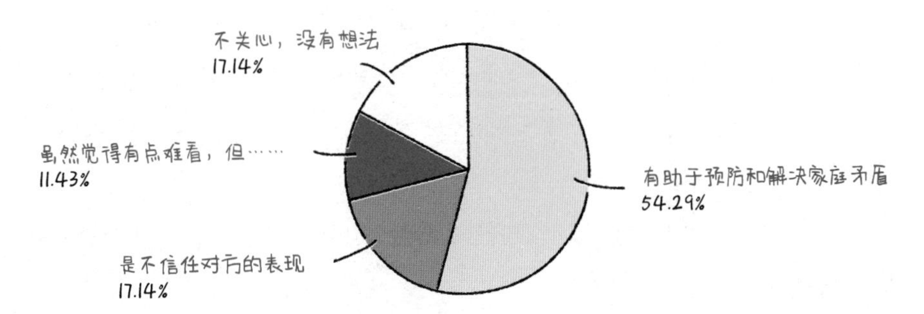

您觉得在未来社会，婚前协议会越来越普及吗?

（答疑人数 35 人）

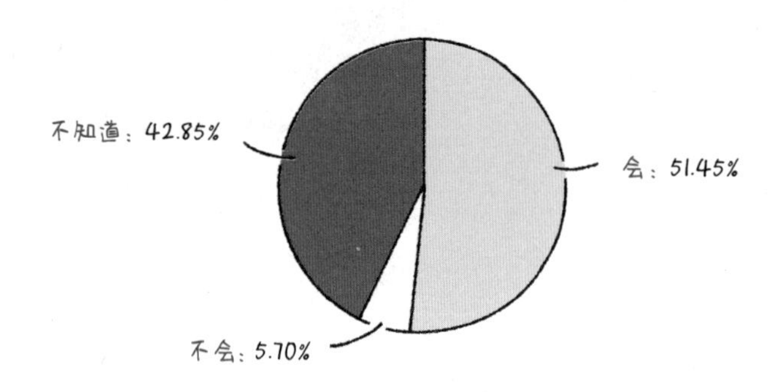

可见，在谈到婚前协议未来的走向时，大部分人对此还是很看好的。

另一方面，我国法院对于婚前协议的判决并不多。在北大法宝上用“婚前协议”关键词进行全网搜索，只得出两个已经上网的判决。

第一个判决是有关于一方出轨，另一方获得财产补偿的，概况如下：

博士研究生吴某与妻子林某在 2007 年登记结婚，婚前两人签订协议，约定双方不得发生婚外恋等行为，并对出轨后应负的责任作了详细约定。后来妻子放弃了自己尚未读完的博士学位，陪同丈夫去美国读书，怎料，丈夫吴某在 2009 年 5 月份留学回国后，以未婚身份在网上征友，并发生婚外恋。林某遂以婚前协议将吴某诉至法庭，要求离婚，并要求吴某按照婚前协议约定，在离婚后 20 年将税后收入的 30% 支付给她。

北京市第一中级人民法院认为吴某确曾出轨，双方夫妻感情已破裂。由于吴某没有提交任何关于自己被胁迫签署协议的证据，因而法院认定双方协议合法有效，并判决双方离婚。为避免双方因需要连续 20 年支付 30% 收入的纠纷出现，法院经林某同意，依据吴某学历水平、专业前景，社会收入及消费水平等因素，北京市一中院判决被告一次性支付原告 80 万元的经济补偿。

第二个判决是关于协议约定婚前生子但是婚后女方并没有怀孕的，但是本案最终以调解的形式结案。

案例
1-4

如何才能守住自己的家

——如何避免在婚前财产协议中约定了财产权属却依然得不到保障?

案例重现

(本案例中的名字均为化名,如有雷同,纯属巧合)

二婚的张晴岚在炎炎夏日之中又被婆家赶出家门。数年前辞职,放弃高薪职位,只为全身心照料家人孩子,现如今又沦落到这般窘迫境地。年华、爱人与孩子都离自己远去,绝望的张晴岚跳入河中想一死了之,幸得路人救起。

究竟发生了什么让张晴岚宁愿跳河自尽呢?

2002 年大学毕业的张晴岚和大学时期的恋人杨庭昊一起来深圳闯荡天下,同时准备步入婚姻殿堂。为此,杨庭昊斥资支付首付款在深圳购买了一处商品房,张晴岚则出资并花费大量精力装修二人的爱巢。婚后原本恩爱的生活却因为数年怀不上孩子而矛盾丛生,张晴岚不堪忍受丈夫的家暴行为,遂提起离婚诉讼。由于房子是婚前登记在丈夫名下,最后法院判决离婚,并将该房产判归前夫所有,张晴岚只得搬离自己花费无数心血装饰布置的家。

2007 年,单身的都市丽人张晴岚与深圳某公司高管黄德元相识,在黄德元的爱情攻势下二人相恋了。虽然黄德元离异后带着孩子,但他明确表示愿意将自己的婚前个人房产约定为二人婚后的夫妻共同财产。感受到黄德元的真心实意之后,2009 年张晴岚同意了黄德元的求婚,二人在婚前签订《中华人民共和国婚前财产协议》,将黄德元的婚前个人房产约定为二人婚后的夫妻共同财产,并特意约定,张晴岚占房产 80% 的产权份额,黄德元占房产 20% 的产权份额。

再婚后,张晴岚幸运地怀孕了,她非常珍视这个期待多年的小生命,为此辞去工作,在家静养安胎。小孩出生后,张晴岚更是全身心都扑到孩子的身上,从而忽略了对现任丈夫黄德元和继子的关爱。渐渐地,夫妻二人之间、继子继母之间的和谐关系都出现裂痕。一天张晴岚发现丈夫的西服里装着避孕套,于是怀疑丈夫出轨,黄德元对此事却是矢口否认。二人内心信任的基础开始逐渐消融,生活中争执不断,甚至连婆婆也对张晴岚恶语相向。2015 年不堪忍受家庭争吵煎熬的张晴岚一纸诉状将丈夫诉至法院,要求离婚并依照《中华人民共和国婚前财产协议》的约定分割夫妻共同财产。

在离婚诉讼过程中，黄德元辩称上述《中华人民共和国婚前财产协议》实际上是赠与，其作为赠与人在赠与房产变更登记之前可以主张撤销赠与。

经过漫长的诉讼程序，法院认定：双方夫妻感情确已破裂，解除婚姻关系符合法律规定，考虑到黄德元具备更好照顾孩子的条件，继续由黄德元抚养更有利于孩子的成长。涉案房产系黄德元婚前个人所有，婚前虽然签订了《中华人民共和国婚前财产协议》，约定黄德元将房产的80%权益赠与张晴岚，但依据最高人民法院《关于适用〈中华人民共和国婚姻法〉若干问题的解释（三）》第六条及《中华人民共和国合同法》第一百八十六条规定，双方在协议签订后并未办理房产过户手续，黄德元提出撤销赠与符合法律规定。涉案房产应认定为黄德元的个人婚前财产，不应作为夫妻共同财产进行分配。

人物关系

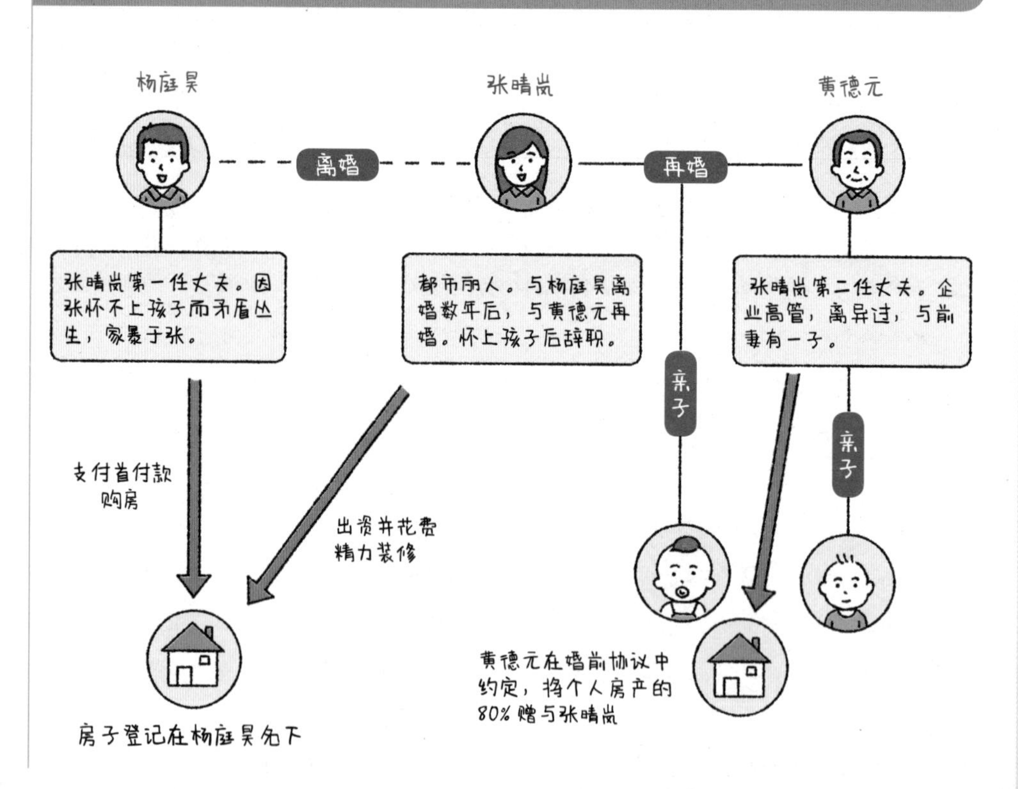

本案风险点

《中华人民共和国婚前财产协议书》中的约定也有其具体的生效问题

简单的《中华人民共和国婚前财产协议书》或者《中华人民共和国夫妻财产协议书》其实牵扯着不少复杂的法律问题，比如是否生效，如何才能生效？协议书中的具体约定往往又涉及各种法律和财务知识。本案中的张晴岚因欠缺法律知识和财务规划意识，仅相信了一纸书面协议，而没有去完成完整的财产产权归属安排，最后落得人财两空。

准备结婚的青年男女、准备重组的再婚家庭或者已婚夫妻在设计自己的婚前婚内财产规划的时候，最好有专业法律人士和财务顾问提供专业的意见，以避免出现案例中张晴岚的情况，即虽然签署了《中华人民共和国婚前财产协议书》或者《中华人民共和国夫妻财产协议书》，甚至协议业已生效，但是协议里的约定却因程序没有完成从而达不到协议所预期的效果，自然也达不到保护自己合法权益的目的。

律师说“法”

婚前财产协议约定与赠与撤销权的冲突适用

虽然有很大一部分的观点认为：夫妻之间有关财产的婚前协议或者婚后约定，只要是夫妻双方的真实意思表示，不违反法律、行政法规的强制性规定，就应该发生法律效力，对夫妻双方产生法律上的约束力。但若《中华人民共和国婚前财产协议》或者《中华人民共和国夫妻财产协议》适用《中华人民共和国合同法》中赠与合同有关撤销权的规定，任意撤销权的行使将使上述约定变成一纸空文。

目前最高人民法院的主流观点是：我国婚姻法规定了三种夫妻财产约定的模式，即分别所有、共同共有和部分共同共有，并不包括将一方所有财产约定为另一方所有的情形。将一方所有的财产约定为另一方所有，也就是夫妻之间的赠与行为，虽然双方达成了有效的协议，但因未办理房屋变更登记手续，依照物权法的规定，房屋所有权尚未转移，而依照合同法关于赠与一节的规定，赠与房产的一方可以撤销赠与。

婚姻家庭领域的协议常常涉及财产权属的条款，对于此类协议的订立、生效、撤销、变更等并不排斥合同法的适用。在实际生活中，赠与往往发生在具有亲密关系或者血缘关系的人之间，合同法对赠与问题的规定并没有指明夫妻关系除外。一方赠与另一方不动产，在没有办理过户手续之前，依照合同法的规定，是完全可以撤销的，这与婚姻法的规定并不矛盾。因此，尚未办理房产过户手续的赠与，房产赠与人可以随时撤销赠与，对赠与房产一方离婚时主张撤销赠与合同的请求应予支持。[1]

虽然张晴岚与黄德元签订《中华人民共和国婚前财产协议》，但是未及时办理房产变更登记手续，最终未能取得房产的所有权，被迫再次搬离自己苦心经营的家。通过张晴岚的惨痛教训可知，如果《中华人民共和国婚前财产协议》或者《中华人民共和国夫妻财产协议》中含有夫妻赠与的内容，对涉及赠与的财产要按照赠与合同的要求办理交付，需要办理产权变更登记的要及时办理产权变更登记。

解决方案

我们来看看，针对本案中关于《中华人民共和国婚前财产协议书》所涉及的典型问题，从法律和理财的角度上有哪些解决方案，以及如何避免像张晴岚这样人财两空的情况发生。

方案 1 及时到不动产登记中心完成产权归属变更

适用于 → 《中华人民共和国婚前财产协议书》或者《中华人民共和国夫妻财产协议书》中有房屋产权变更约定的、有赠与内容的情况。

Notes 注释

[1] 期刊名称：《人民司法（应用）》；《关于适用婚姻法若干问题的解释（三）》的理解与适用；作者：最高人民法院 杜万华，程新文，吴晓芳；期刊年份：2011 年，期号：17，页码：22。

虽然张晴岚与黄德元签订《中华人民共和国婚前财产协议书》，但是未及时办理房产变更登记手续，最终未能取得房产的所有权，被迫再次搬离自己苦心经营的家。通过张晴岚的惨痛教训可知，签订《中华人民共和国婚前财产协议书》或者《中华人民共和国夫妻财产协议书》后，如果协议书中含有夫妻赠与的内容，对涉及赠与的财产要及时按照赠与合同的要求办理交付，需要办理产权变更登记的要及时办理产权变更登记。

方案 2 借助担保赎楼等金融手段快速完成过户手续

适用于 →

《中华人民共和国婚前财产协议书》或者《中华人民共和国夫妻财产协议书》中涉及赠与的房产仍处于按揭贷款抵押状态的。

如果要变更的房产尚有按揭抵押贷款，当事人可以通过支付担保费由中介担保公司进行赎楼，由担保公司提供过桥资金提前还清银行按揭贷款解除抵押登记手续，然后依据《中华人民共和国夫妻财产协议》办理产权变更登记，最后再次办理房屋抵押贷款偿还中介担保公司的过桥资金完成整个流程。

方案 3 及时进行公证

适用于 →

签订《中华人民共和国婚前财产协议书》或者《中华人民共和国夫妻财产协议书》后，房产仍处于按揭贷款抵押状态，但又无力支付较高的赎楼担保费用，或者由于其他原因无法及时进行房产权属变更登记手续的。

如果房产处于按揭贷款抵押状态又一时无力进行房产权属变更登记手续的，可以办理公证手续。根据《中华人民共和国合同法》第一百八十六条的规定，经过公证证明的赠与合同，不适用任意撤销权，受赠人可以依《中华人民共和国赠与合同》要求赠与人履行将赠与财产转移至受赠人名下的义务。

而且根据财政部、国家税务总局 2013 年 12 月 31 日发出的《关于夫妻之间房屋土地权属变更有关契税政策的通知》（财税〔2014〕4 号），在婚姻关系存续期间，房屋、土地权属原归夫妻一方所有，变更为夫妻双方共有或另一方所有的，或者房屋、土地权属原归夫妻双方共有，变更为其中一方所有的，或者房屋、土地权属原归夫妻双方共有，双方约定、变更共有份额的，免征契税。国家也在税务层面推出新的政策方便人们对夫妻财产进行变更。

方案 4 通过保险规划个人资产

在理财的方案中，当事人可以通过合理的保险规划，在婚姻存续期间锁定部分个人专属资产。

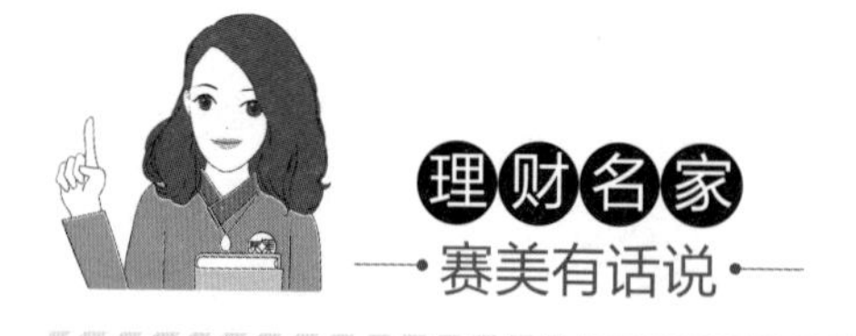

在财富管理蓝图中，从生涯规划到财富管理，从创造财富到使用财富，从满足日常消费和子女教育，再到保全财富、转移和传承财富，每一个阶段财富管理的重心都不同，是一个系统工程。

张晴岚经历两次婚姻，却不曾想过如何保护自己、保全财富。特别是进入第二次婚姻，有了宝宝以后，依然缺乏提前做好风险管理的意识，再一次陷入风险之中。作为女性，帮助孩子和自己做好人生必要的安排，比如养老险、教育金以及基本的健康保障规划，不仅可以有效转嫁人身风险，也能在婚姻存续期间帮助自己提前锁定一部分个人专属资产。

财富管理蓝图

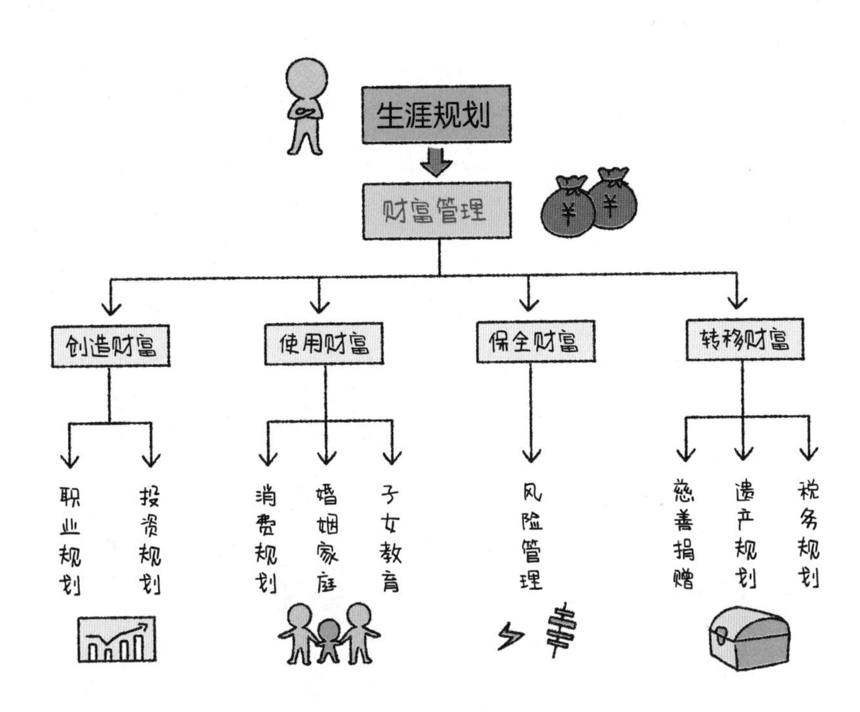

➡（一）张晴岚的保障规划

张晴岚要为自己考虑的首先是意外、医疗、重疾的保障，同时需要有一定的养老规划。张晴岚虽然与黄德元签订了婚前协议，但最后并没有得到真正的保护。如果能够以保险的“专属性”来做安排，张晴岚就不会因为婚姻关系的破裂而遭受多重打击，一份好的保障规划，可以帮助张晴岚感受到雪中送炭的温暖，重拾生活信心。

保障类型	保额	大约保费投入	保障期	配 置 理 由
重疾险	100万～200万元	20000元/年	保终身	甲状腺癌、乳腺癌、子宫癌是女性健康的三大“杀手”，张晴岚首先要为自己规划防癌险、重疾险，让健康保障360度无死角，确保财务安全。同时，通过保险的“指定信托”功能，既做了风险管理，也是留给孩子的一笔传承资产
医疗险	50万～300万元	300～1500元	交1年保1年	除社保用药以外，进口药也能够报销，确保自己可以得到高品质的医疗，同时，可以大幅减少应急资金的准备
年金险		储蓄资金	保终身	在第一次婚姻结束后留下的资产，其中现金部分，张晴岚可以用保险年金的形式，自己作为投保人、被保人来购买年金险，确保这笔资金100%属于婚前财产，提前做好婚前财产的保全

重疾险的保单相关权益人的设计应为：投保人为黄德元，被保人为张晴岚，生存受益人（重疾理赔或生存金领金）是张晴岚，身故受益人为孩子

（二）孩子的保障规划

张晴岚在享受初为人母的甜蜜与喜悦之时，更需要给孩子一份温暖的呵护。尤其当自己不能在孩子身边时刻关照时，一份合理的保险规划可以让孩子的生活更有保障。

保障类型	保额	大约保费投入	保障期	配 置 理 由
重疾险	50万元	5 000元/年	保终身	为孩子规划最基础的医疗以及重疾保障，拥有品质医疗的同时，也让父母的爱能够始终陪伴孩子左右
年金险（教育金）	—	年收入10%	保终身	孩子是家庭中最重要的资产，也是一份甜蜜的“负担”。教育金是一个家庭的刚需配置，教育金规划具有不能推迟、不能失败、不能不做等特点。夫妻双方将家庭年收入的一部分，作为孩子的专属教育金安排，一方面养成了固定的资金安排和财务习惯；另一方面保险具有“豁免”的功能，无论父母什么风险，孩子都能按计划得到足额的教育金储备

保单相关权益人的设计应为：投保人为张晴岚；被保人为孩子；生存受益人（生存金领取）是孩子；身故受益人为张晴岚50%、黄德元50%

本节案例
所涉及的法律依据及相关解释

法·律·规·定·及·司·法·解·释

关于赠与的撤销

最高人民法院关于适用《中华人民共和国婚姻法》若干问题的解释（三）

● 第六条：婚前或者婚姻关系存续期间，当事人约定将一方所有的房产赠与另一方，赠与方在赠与房产变更登记之前撤销赠与，另一方请求判令继续履行的，人民法院可以按照合同法第一百八十六条的规定处理。

《中华人民共和国合同法》

● 第一百八十六条：赠与人在赠与财产的权利转移之前可以撤销赠与。具有救灾、扶贫等社会公益、道德义务性质的赠与合同或者经过公证的赠与合同，不适用前款规定。

本节关键词

法律关键词　婚前协议　协议公证　合同法　婚姻法　赠与撤销

理财关键词　房产变更登记　担保赎楼　年金险　教育金

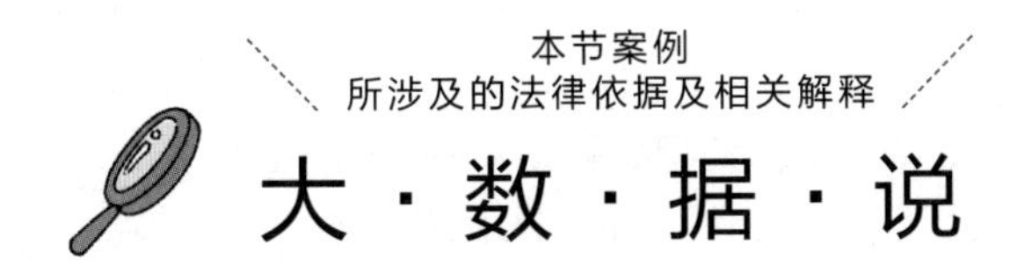

通过在聚法案例库中检索"《关于适用〈中华人民共和国婚姻法〉若干问题的解释（三）》第六条"，共检索了13篇裁判文书，查阅分析这些裁判文书发现：

（1）因《中华人民共和国夫妻财产协议》未经公证，法院认定赠与人享有任意撤销权的案例有：

（2013）深中法民终字第2146号，（2014）穗黄法民一初字第39号，（2015）佛中法民一终字第490号，（2014）成民终字第3149号，（2015）榕民终字第1833号，（2013）甬鄞江民初字第708号，（2013）穗荔法民一初字第495号。

（2）因《中华人民共和国夫妻财产协议》经公证后，法院认定赠与人不享有任意撤销权的案例有：

（2014）深中法民终字第1224号，（2017）京01民终2900号。

（3）因赠与房产已经办理产权过户登记，赠与人不享有任意撤销权的案例有：

（2015）成华民初字第2300号，（2015）珠中法民一终字第644号。

（4）当然，在聚法案例库中也有个别案例是认为《中华人民共和国夫妻财产协议》约定不适用赠与合同有关撤销权的规定，不享有任意撤销权的案例有：

（2014）三中民申字第12375号，（2014）深中法民终字第1320号。

▶▶▶
表格见下页

《中华人民共和国夫妻财产协议》中关于赠与的判决结果分析

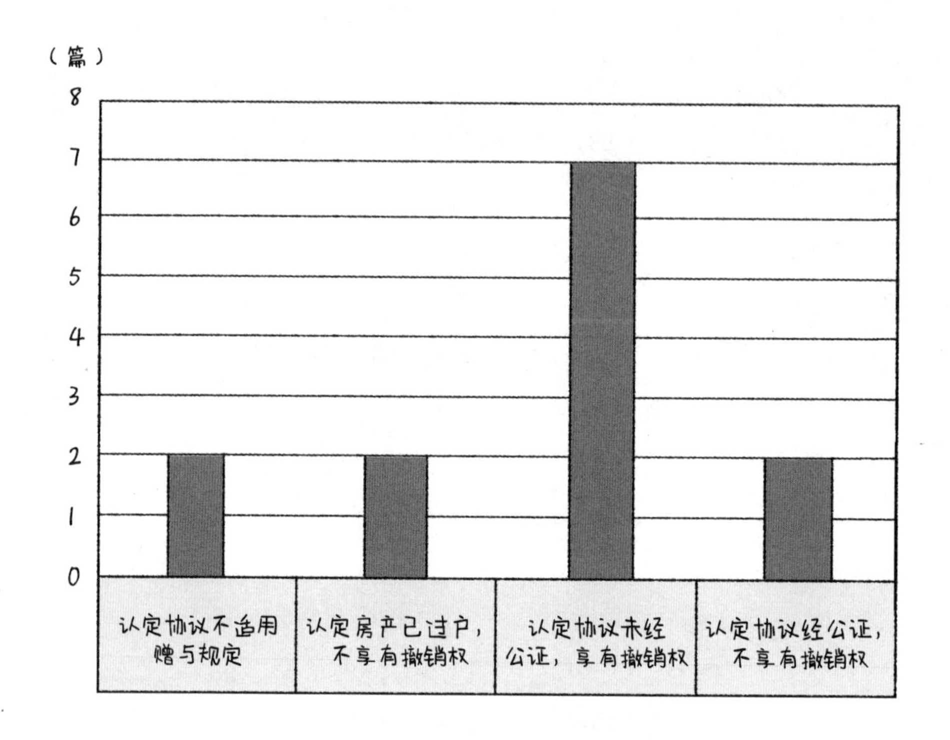

由此可以推测，在离婚越发频繁、房产价值越发高昂的现代社会，此类纠纷也会越来越频密。我们应该增强相关法律与理财的意识，注意防范《中华人民共和国婚前财产协议》或者《中华人民共和国夫妻财产协议》中的一些陷阱，做好保护自己的预防措施。

Chapter

第 2 章

婚内财富管理

案例
2-1

中年危机

——如何避免家庭储蓄被一方用于第三者？

案例重现

（本案例中的名字均为化名，如有雷同，纯属巧合）

即将年满45周岁的王博在某大型科技公司担任高管，年收入70万元左右。虽然工作忙碌，但每当想起家里美丽贤惠的妻子和可爱的女儿，王博都觉得自己的努力是值得的。

然而，随着公司改革变动，王博也成为被大规模裁员中的一分子。

妻子周岚自从和他结婚后，就做起了全职太太。整个家庭的开销都来自于王博的收入，他被裁员意味着整个家庭的收入来源突然就断掉了。虽然这十多年来也有了一定的积蓄（存款和理财产品），但这笔积蓄是无法长期保证整个家庭的生活质量的。更何况，17岁的女儿已经读高一了，一年后就将出国留学。家里积蓄的绝大部分都是用来作为女儿出国的教育储备资金的。于是，王博决心要尽快找到新工作。

为了避免妻子周岚的担心，王博每天仍然假装和以前一样上下班，实际上却是在外求职。然而，年近45岁的王博，一般的职位他看不上，与原来相当的职位，市场上也基本饱和了。一个月过去了，王博仍然没有找到满意的工作。

妻子周岚渐渐发现了王博的异常，打电话询问王博的同事，才知道王博丢掉了工作。周岚也只能好言安慰王博，让王博不要着急。

半年过去了，王博迟迟未能找到合适的工作，脾气也变得十分暴躁，还染上了酗酒的毛病。后来干脆放弃了继续找工作，除了出去喝酒就是在家睡大觉。周岚虽然贤惠，也无法忍受丈夫如此自暴自弃。两人之间开始争吵无休，甚至有时会动起手来。这样的日子又持续了大半年，周岚本想和王博离婚，但考虑到18岁的女儿正在申请出国留学，周岚决定继续隐忍。

女儿成功申请到了自己理想的学校，周岚开始准备女儿出国的手续，其中最重要的就是第一年的学费。虽然王博失业了，但对于女儿读书的学费周岚并没有特别担心，因为教育储备金早就准备好了，300多万元统一存在一张银行卡里。但当周岚查询银行账户后发现，现在竟然只剩下100多万元了。钱去哪儿了？

周岚发了疯似的询问王博。王博支支吾吾，直到周岚要报警，他才交代。原来，王博家外有家。他曾和原公司的下属兼同事张婧互生情愫，并导致张婧怀孕，虽然王博劝其打掉孩子，但张婧坚持生下了一个男孩王小博。张婧生完孩子之后，多次逼迫王博离婚。王博不胜其烦提出分手，并最终答应给张婧一笔分手补偿费和孩子的抚养费。于是他把女儿教育储蓄账户中的 150 万元汇给张婧。其中 50 万元作为分手补偿费，另外 100 万元作为王小博的抚养费。

周岚得知此事后，诉至法院，请求法院判决：确认王博赠与张婧 50 万元现金及支付给张婧 100 万元抚养费的行为无效，要求张婧返还 150 万元。法院经审理认为王博擅自处分夫妻共同财产的赠与行为无效，张婧应返还王博赠与的 50 万元分手补偿费。但对于另外 100 万元给王小博的抚养费，法院认为王博支付 100 万元抚养费的行为是有效的，张婧无须返还。

人物关系

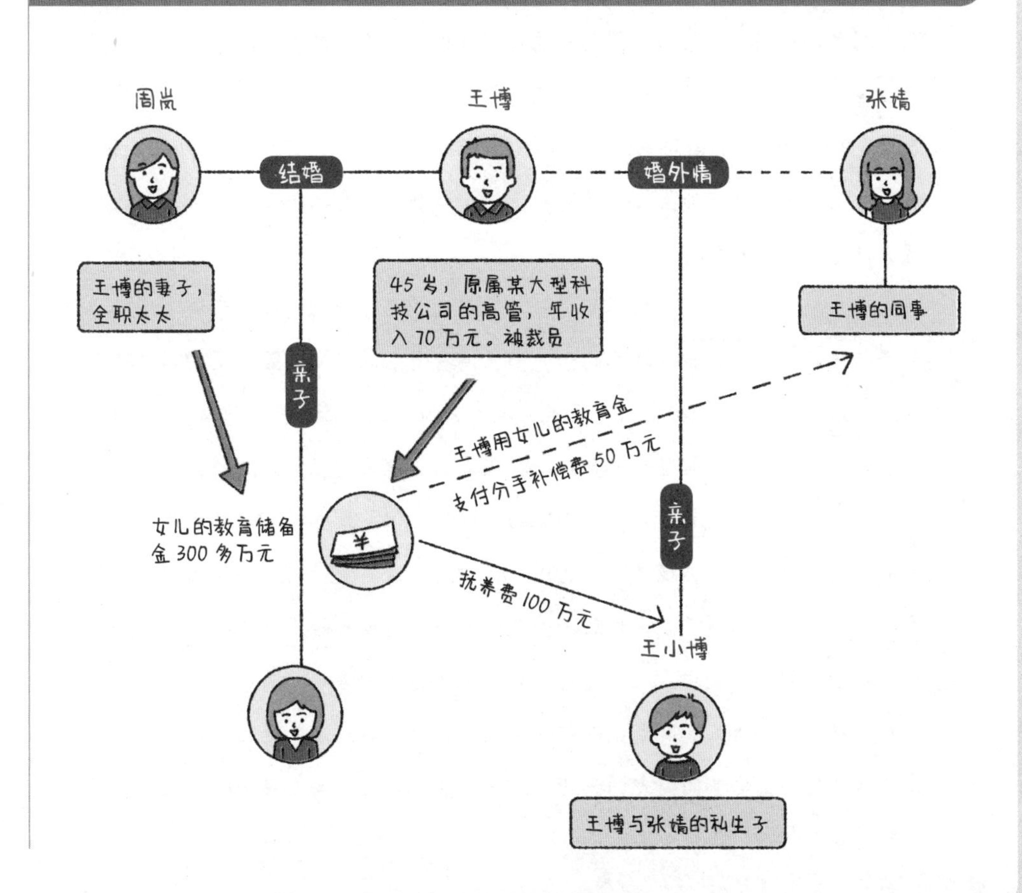

本案风险点

原本是亲生女儿的专属教育金，却被婚外私生子占用

尽管婚外情违反道德，但孩子无论是什么原因出生，都有被平安健康抚养长大的权利，因此法律才会让非婚生子女与婚生子女享受同等权利。但是与此同时，无论是情感上还是经济上，对亲生子女成长中的各方面都会产生或多或少的负面影响。

律师说“法”

非婚生子女抚养费

Q：夫妻一方在婚姻存续期间支付非婚生子女的抚养费的行为是否有效？

我国《中华人民共和国婚姻法》第二十五条规定，非婚生子女享有与婚生子女同等的权利，任何人不得加以危害和歧视。不直接抚养非婚生子女的生父或生母，应当负担子女的生活费和教育费，直至子女能独立生活为止。可见，我国《中华人民共和国婚姻法》赋予了非婚生子女和婚生子女同样的法律地位。如果生父或者生母不能直接抚养非婚生子女，则应当负担子女的生活费和教育费，直至子女能够独立生活为止。

本案中，王博和张婧之间发生婚外同居的关系，并且张婧给王博生了一个儿子。张婧决定自己独立抚养儿子，而王博有自己的家庭，显然无法直接抚养儿子。因此，王博应当负担儿子的生活费和教育费，直至其能够独立生活为止。至于王博用于支付抚养费的资金属于和周岚的夫妻共同财产的问题，法院认为虽然夫妻对共同所有的财产，有平等的处理权，但夫或妻也有合理处分个人收入的权利，不能因未与现任配偶达成一致意见即认定支付的抚养费属于侵犯夫妻共同财产权，除非一方支付的抚养费明显超过其负担能力或者有转移夫妻共同财产的行为。本案中，王博支付 100 万元抚养费的时候并未被裁员，一次性支付 100 万元作为王小博成年以前的抚养费并未明显超过王博的负担能力，也没有任何转移夫妻共同财产的行为。因此，法院认为王博支付 100 万元抚养费的行为是有效的，张婧无须返还。

没有合理规划的家庭财务，全职太太的安全感根本无从谈起

尽管婚后无论谁工作，挣得的钱都属于夫妻共同财产，但是比钱的数量更重要的是每一分钱所属用途的性质。没有经过规划的家庭财务，挣再多也只是数字，既对全职太太没有长久的保护，对孩子的教育也没有板上钉钉的保障，就像框架不稳的大楼，没有危机时一切安好，一旦遇到地震，就毫无招架之力。在本案中，原本家庭的积蓄足以支付女儿几年的留学费用，但忽然之间就被用作了支付给第三者的分手补偿费。

律师说“法”

夫妻共同财产

Q：王博给张某的150万元是否属于夫妻共同财产？

我国《中华人民共和国婚姻法》第十七条第1款第（1）项规定，夫妻在婚姻关系存续期间所得的工资、奖金归夫妻共同所有。本案中，王博赠与张某的150万元，属于王博在婚姻存续期间的积蓄，这些积蓄均来自于王博在某大型科技公司工作所得的工资和奖金。因此，王博赠与张某的150万元属于夫妻共同财产。

分手补偿费

Q：夫妻一方在婚姻存续期间支付给第三者分手补偿费的行为是否有效？

我国《中华人民共和国婚姻法》第十七条第2款规定，夫妻对共同所有的财产，有平等的处理权。同时，《最高人民法院关于适用〈中华人民共和国婚姻法〉若干问题的解释（一）》（以下简称“婚姻法司法解释（一）”）第十七条规定，《中华人民共和国婚姻法》第十七条关于“夫或妻对夫妻共同所有的财产，有平等的处理权”的规定，应当理解为：（一）夫或妻在处理夫妻共同财产上的权利是平等的。因日常生活需要而处理夫妻共同财产的，任何一方均有权决定。（二）夫或妻非因日常生活需要对夫妻共同财产作重要处理决定，夫妻双方应当平等协商，取得一致意见。他人有理由相信其为夫妻双方共同意思表示

的，另一方不得以不同意或不知道为由对抗善意第三人。

夫妻对共同财产形成共同共有，而非按份共有。根据共同共有的一般原理，在婚姻关系存续期间，夫妻共同财产应作为一个不可分割的整体，夫妻双方无法对共同财产划分个人份额，在没有重大理由时也无权请求分割共同财产。夫妻对共同财产享有平等的处理权，并不意味着夫妻各自对共同财产享有一半的处分权。只有在共同共有关系终止时，才可对共同财产进行分割，确定各自份额。因此，夫妻一方擅自将共同财产赠与他人的赠与行为应属全部无效，而非部分无效。

本案中，王博赠与张婧50万元现金作为分手补偿费，如此大额的财产，显然不是因日常生活需要而处理夫妻共同财产的行为。王博未经妻子周岚同意赠与张婧钱款，属于无权处分的同时，也侵犯了周岚的财产权益。在周岚事前不知情，事后显然也不可能追认的情况下，王博的处分行为应为无效。而张婧明知王博有配偶而与其发生关系并为其生子，张婧显然无理由相信王博的赠与行为是王博夫妻双方共同的意思表示。因此，张婧也非善意第三人。同时，我国《中华人民共和国物权法》第一百零六条也规定，无处分权人将不动产或者动产转让给受让人的，所有权人有权追回。“当财产被他人无合法根据占有时，所有权人有权根据物权的追及效力要求非法占有人返还财产，夫妻中的受害方可以行使物上请求权，以配偶和受赠人为共同被告，请求法院判令其返还财产。”

当然，对于赠与行为效力的判定，司法实践中还存在一种更直接的路径。我国《中华人民共和国民法通则》第七条规定，民事活动应当尊重社会公德，不得损害社会公共利益，扰乱社会经济秩序。《中华人民共和国合同法》第七条也规定，当事人订立、履行合同，应当遵守法律、行政法规，尊重社会公德，不得扰乱社会经济秩序，损害社会公共利益。因此，如果王博的赠与行为违反了公序良俗，也会导致赠与行为无效。本案中，王博与张婧之间的婚外同居的关系显然是违反公序良俗的，王博赠与张婧现金50万元作为分手补偿费的行为是为了补偿张婧在这种不道德的关系中的付出，故也可以认定赠与行为本身也是违反公序良俗的。因此，司法实践中也有法院直接认定赠与行为因违反公序良俗而无效。

有存钱之心，却没有理财之道，错过了利用家庭收入高峰期规划未来的绝佳机会

很多像本案中王博这样的收入可观的家庭，在生活品质方面会花精力讲究和投入，却很少会花同样的精力去学习一下如何保护辛苦赚来的财富。很多人没有关注过职业收入曲线以及家庭支出高峰期的规律，在事业春风得意时，无法预见未来的风险，而当职业危机到来时就会为时已晚。

解决方案

针对本案中的风险，我们又该如何有效应对呢？

方案 1 夫妻订立忠诚协议；夫妻财产联名共有

适用于 → 夫妻之间恐有信任危机的家庭。

本案例存在婚内出轨，一次性大额支付私生子抚养费，以及未经配偶同意擅自处分夫妻共同财产问题。对于婚内出轨问题，《中华人民共和国婚姻法》第四条明文规定，“夫妻应当互相忠实，互相尊重”。夫妻是否忠诚属于情感领域问题，一般应归入道德调整的范畴，根本措施是用心经营婚姻，保持爱情的新鲜感，加强个人修养，建立道德底线。另外，《民事法律文件解读》2011 年第 11 辑登载了最高人民法院吴晓芳法官的《婚姻家庭纠纷审理热点、难点问答》一文，吴晓芳法官在该文中认为，“忠诚协议书”的约定与《中华人民共和国婚姻法》的基本精神相吻合，给付的赔偿金具有违约赔偿性质，这种协议应当受到法律保护。故夫妻之间可以通过订立忠诚协议，对违反夫妻忠实义务一方科以财产处分的形式进行规制。

对于一次性大额支付私生子抚养费问题，可以与未经配偶同意擅自处分共同财产的问题共同解决。人生而平等，故对于私生子的权益应与婚生子同样予以重视和保护，因此支付私生子必要的抚养费是必需的，但是否应当一次性大额支付则值得商榷。如果夫妻之间未对一方大额处分共同财产进行限制，则有可能出现本案例中的情况，出轨一方将大额财产作为抚养费一次性支付，事实上损害了另一方配偶的夫妻共同财产权。对于未经配偶同意擅自处分共同财产问题，可以通过对财产进行联名登记的方式予以规避。对于房产，可以将产权人登记为夫妻二人，则处分房产时需要双方共同处理。对于大额银行存款可以开立联名账户各掌握一套密码的方式避免一方擅自处分。所谓联名账户是指由两个或两个以上个人共同开立，存款不受限制，支取一般需要同时输入两套或两套以上密码办理的本外币存款账户。如此操作，出轨生下私生子的一方便无法擅自转出大额财产，因而只能逐月支付私生子的抚养费。

方案 2 合理规划财富规避中年风险

适用于 → 所有家庭。

作为一家之主，有时忽略了一个家庭会面临两个花钱的高峰值：第一次花钱高峰点是在 28 ~ 35 岁之间，此时的家庭面临结婚生娃、买房买车，是家庭资产初步建立的阶段；第二次花钱高峰点是在 45 ~ 55 岁之间，此时的家庭面临着孩子的大学教育、父母的赡养，以及自己的养老退休生活安排等，这些都需要有所资金储备。如何在提高收入的同时，为全家做好未来的安排？可以从以下几个步骤入手：

➡（一）家里主要收入经济支柱及家人的保障规划

财富没有永远的主人，职业也没有永恒的稳定。王博对自己的职业生涯没有危机意识，等到改革裁员，才不得不去面对这样的失业风险。同时，由于王博的工作单位是知名的IT企业，在工作期间各种企业福利还不错，比如单位会提供企业团险，每年也有一些年度红利分红，所以王博一直带着家人生活在安逸的“舒适区”中。

王博的经历告诉我们，一辈子在花钱，不可能一辈子都在挣钱。人到中年，正迎来了第二个花钱高峰期，而王博却不幸也同时迎来了自己的“中年危机”——失业的风险，进而又引发了婚姻风险，更糟糕的是，由于缺乏有效的财富规划和保障规划意识，最终导致家庭出现财务危机。

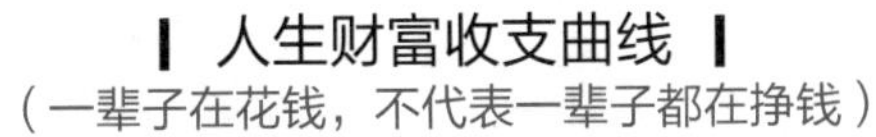

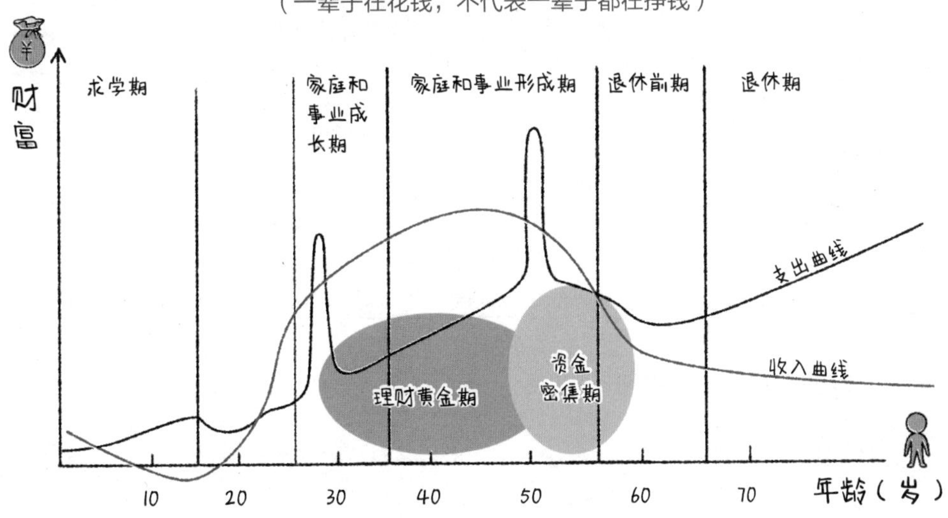

这一连串的风险，是王博始料未及的。如果预先规划，情况又会是怎样呢？

当危机四伏时，已然难以挽回，补救的成本也已是十分高昂。其实，王博只要有一点点危机意识，就可以在专业保险顾问的帮助下，在自己工作的收入高峰期，就开始做好各项防范风险的安排：

❙ 王博与家人的保障计划 ❙

保障类型	投保人	被保人	受益人	保障配置说明
重疾险	王博	周岚	王博50% 女儿50%	规避因重疾风险来临带来家庭原有储蓄的损失
	王博	王博	周岚50% 女儿50%	
	王博	女儿	王博50% 周岚50%	
定期寿险	王博	王博	周岚30% 女儿40% 父母30%	在职业的打拼期，在子女教育、基础养老安排都能妥善安排的前提下，防范因家庭经济主力发生人身风险，而出现家庭财务陷入困境的情况
养老金	王博	周岚	王博50% 女儿50%	30～45岁是职业最黄金的阶段，王博可以为妻子投保养老金，这样通过10年、20年的规划，家庭的基本养老金也就打好了一定的基础，同时这也是属于夫妻的专属养老资金储备

➡（二）孩子的教育金规划

从孩子出生，每个父母就开始为他们的未来储蓄资金和做准备。随着孩子的成长，各种费用都在不断增加，而我们为孩子准备的储蓄金会随着孩子的成长不断减少，那么孩子的成长费用究竟需要多少呢？

如果孩子本身很优秀，但是由于经济的原因或其他风险因素，造成孩子无法继续深造，那该多么可惜。作为父母，都在寻找一种安全、稳健、长久的教育金规划方式，希望能陪伴孩子的一生，帮助他们完成人生各阶段的需求。王博用多年时间攒了300万元储蓄，但这300万元现金资产其实经不起任何的风险，很容易快速“缩水”。

在面对教育金规划时，需要问自己几个问题：

教育之感

- 培养孩子成才需要多少资金？你会为他/她安排什么样的学校？
- 该从什么时候开始准备？（通常孩子0岁开始就要准备教育金了）
- 你会用什么方式来准备？（通常需要一个组合理财计划，比如年金险+基金定投+其他投资）
- 你能确保准备教育金的方式是万无一失的吗？是否存在银行就可以了？
- 怎么确保这个钱一定会是留给孩子教育所用的呢？

您的心愿

- 为孩子提供确定的未来和陪伴终身的现金流；
- 满足孩子不同阶段的财务需要：教育金、婚嫁金、创业金、养老金；
- 一代投保，三代受益；
- 将您的财富智慧传承给孩子。

想要回答并解决上述问题，如果没有保险工具，基本难以实现。本案中的王博，不但要安排好两个孩子的抚养费和教育金，更要通过提前筹划，将财富智慧地传承给孩子。

美国旧金山金门大桥的设计者，正是由于他的父亲提前做了风险管理，提前为他做了教育金的专项规划，后来即使父母不幸意外去世，也仍然有保险公司帮助其完成了学业。

两个孩子的保障计划

保障类型	投保人	被保人	受益人	保障配置说明
教育金	王博	女儿	王博50%、周岚50%	王博既然规划了女儿要出国深造，那么教育金就一定要通过保险的年金险来规划，才能确保这笔资金一定归属于女儿上大学专款专用
教育金	王博	王小博	王博100%	对于婚外生的王小博，因为年龄尚小，王博也可以通过购买保险的年金险来规划教育金，比如每年交5万元缴满10年，这样也可以满足这个孩子的刚需教育需求。王博也可以将原先100万元一次性支付的方案进行调整，多出来的资金作为投资理财安排，获得更多的被动收益

本节关键词

法律关键词　非婚生子女　夫妻共同财产　抚养费

理财关键词　教育金　现金资产　重疾险　养老金　收入高峰期

本节案例
所涉及的法律依据及相关解释

法·律·规·定·及·司·法·解·释

夫妻共同财产的定义

《中华人民共和国婚姻法》

● 第十七条：夫妻在婚姻关系存续期间所得的下列财产，归夫妻共同所有：

（一）工资、奖金；

（二）生产、经营的收益；

（三）知识产权的收益；

（四）继承或赠与所得的财产，但本法第十八条第（三）项规定的除外；

（五）其他应当归共同所有的财产。

夫妻对共同所有的财产，有平等的处理权。

● 第二十五条：非婚生子女享有与婚生子女同等的权利，任何人不得加以危害和歧视。

不直接抚养非婚生子女的生父或生母，应当负担子女的生活费和教育费，直至子女能独立生活为止。

《最高人民法院关于适用〈中华人民共和国婚姻法〉若干问题的解释（一）》

● 第十七条：婚姻法第十七条关于“夫或妻对夫妻共同所有的财产，有平等的处理权”的规定，应当理解为：

（一）夫或妻在处理夫妻共同财产上的权利是平等的。因日常生活需要而处理夫妻共同财产的，任何一方均有权决定。

（二）夫或妻非因日常生活需要对夫妻共同财产做重要处理决定，夫妻双方应当平等协商，取得一致意见。他人有理由相信其为夫妻双方共同意思表示的，另一方不得以不同意或不知道为由对抗善意第三人。

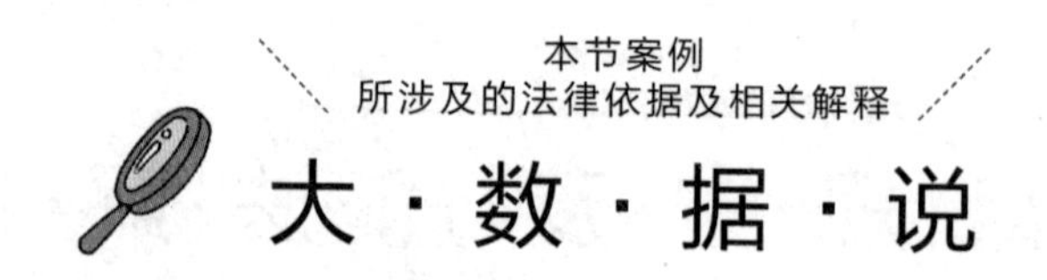

本案中，王博是直接赠与第三者张某金钱，但实践中还有大量赠与汽车和房产的案件。在赠与汽车和房产的案件中，究竟是返还原物还是返还相应的款项，审判实践中做法不一。

在无讼中检索和“赠与第三者”财产相关的案例，检索结果中有七个判决对赠与第三者财产的行为的效力进行了认定。其中四个判决中，法院认为夫妻一方擅自处分夫妻共同财产的行为无效，受赠人应该返还接受赠与的财物。另外三个判决中，法院认为夫妻一方擅自处分夫妻共同财产的行为部分无效，受赠人仅需返还受赠财物的一半。

案例
2-2

一方成为精神病人后离婚

——如何避免因意外风险而出现夫妻一方拒绝履行扶养义务?

2

案例重现

（本案例中的名字均为化名，如有雷同，纯属巧合）

来自农村的张涛大学毕业后，到上海打拼。经过五年的努力，他在一家大型外企站稳脚跟，并勤俭节约地存下了近60万元存款。在一次偶然的机会中张涛与上海本地女孩周莉一见钟情。周莉的父母都是高校教授，家庭收入颇丰。周莉大学毕业后，也顺利留校做行政工作。二人相处两年后步入婚姻的殿堂。结婚后，张涛和周莉共同出资购买了一套房产，幸福的生活似乎就在眼前。

然而，天有不测风云，人有旦夕祸福。

二人结婚两年后，张涛在一次加班回家的路上遭遇车祸，脑部受到严重撞击。醒来之后不仅无法辨认自己的行为，而且谁也不认识了，整日疯疯癫癫。医院的诊断证明显示张涛患上了严重的精神病，需要进一步治疗。

周莉从小娇生惯养，没受过什么委屈。从和张涛交往到结婚，一直都是张涛在照顾她。而如今，她却要反过来照顾已经患上精神病的丈夫，而且丈夫是否能康复也是个未知数。如此的反差，让她实在难以为继。艰难照顾了张涛两周之后，又辛苦又委屈的周莉给张涛的父母打了一个电话，告知他们自己需要休息，叫二老尽快赶到医院照顾张涛。张涛的父母理解周莉的不易，于是赶去了医院。

身心疲惫的周莉回家后，瘫倒在客厅的沙发上，内心又乱又迷茫。丈夫的病很有可能无法治愈，如果自己继续照顾丈夫，自己的工作早晚会丢掉，经济来源也就没了。她才27岁，难道接下来的几十年都要如此艰难地度过吗？一个念头从周莉的心底悄然生发：放弃患病的丈夫。但一想到几年来和丈夫的点点滴滴，周莉就心如刀割。

周莉回家的第二天，她的母亲来了。周母开门见山地说：“你还年轻，未来的路还长着，他那病可能一辈子都治不好，你能照顾他一辈子吗？就算你要照顾他，那工作肯定是没了，你拿什么照顾他？如果你不离开他，我和你爸是一分钱都不会给你的。”听了母亲的话后，周莉基本作出了决定。但考虑到如果立刻和张涛离婚，对自己的名声影响太大。于是，周莉决定先一边观望一边继续自己的工作，将丈夫完全交由其父母照顾。此后，但凡张涛的父母打电话给周莉让她去医院交替着照顾张涛，周莉就以工作繁忙等理由拒绝。二老渐渐明白，张涛对于周莉而言，已经成为想要摆脱的负担。

两个月之后，车祸中撞伤张涛的车主与周莉达成了和解。根据交警大队出具的《道路交通事故责任认定书》，肇事车主对此次交通事故负全责。经双方商议，车主一次性赔偿 100 万元了结此事，并当场支付了这笔赔偿金。同时，刚住院时周莉存在医院的 6 万元治疗费用已经用完。于是，刚刚拿到这笔 100 万元赔偿金的周莉再次去医院交了 5 万元的治疗费。三个月又过去了，周莉应张涛父母的要求又陆陆续续去医院交了 10 万元治疗费。但张涛丝毫没有好转的迹象，他的治疗费用对于周莉而言就是个无底洞。夫妻二人结婚时共同出资购买的一套房产，婚后也一直需要还房贷，所以二人此时都没有什么积蓄。如果继续支付张涛的治疗费用，周莉认为即便以后离婚，手里的现金和存款也不足以维持自己的生活质量。于是，当张涛父母再要求周莉来医院交费时，周莉拒绝了。再后来，周莉干脆玩儿起了失踪。

这样的僵局维持了半年，来自农村的两位老人多年的积蓄也耗尽了。张涛的父母只得到法院代张涛提起离婚诉讼，并要求分割财产。

法院认为，根据《中华人民共和国婚姻法司法解释（三）》第八条的规定，除配偶外的其他有无民事行为能力人监护资格的人，要先通过特别程序变更监护关系后，才能代理无民事行为能力人提起离婚诉讼。而本案中，张涛的父母并未通过特别程序变更监护关系，故法院并未受理此案。

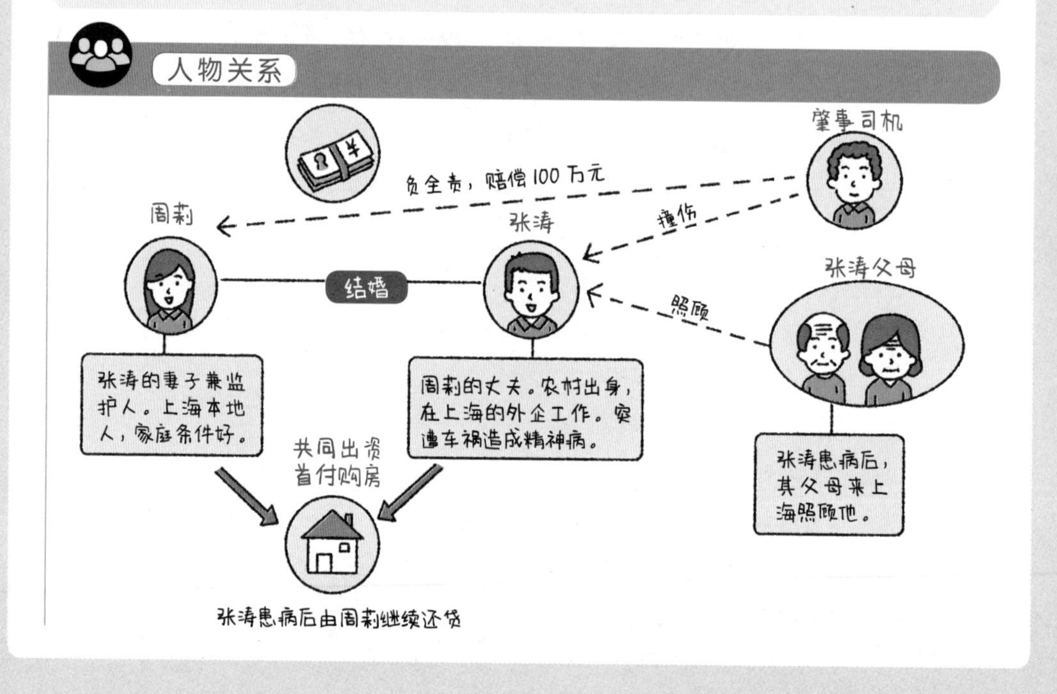

本案风险点

“夫妻本是同林鸟，大难临头各自飞”，人性难以经受时间的检验

有人说，婚姻就像两个人一起经营企业。在本案中，周莉与张涛是夫妻关系，彼此之间形成了夫妻扶养义务，本可以一起创造更幸福的生活。但张涛发生意外、成为无民事行为能力人后，疲惫的周莉根据自己的条件以及对未来生活的要求，有了她自己的想法和打算。意外事故后续的康复期、疾病医疗、家庭的房贷、生活的基本开支都必不可少需要花钱；如果有了孩子，孩子的教育和老人的赡养也需要用钱。当遇到重大困难时，人性能否经受住现实的考验?

律师说“法”

夫妻扶养义务

Q：周莉拒绝照顾丈夫和拒绝支付丈夫医疗费的行为是否违法?

我国《中华人民共和国婚姻法》第二十条规定，夫妻有互相扶养的义务。一方不履行扶养义务时，需要扶养的一方，有要求对方付给扶养费的权利。同时，《中华人民共和国婚姻法》第四十条规定，对遗弃家庭成员，受害人有权提出请求，居民委员会、村民委员会以及所在单位应当予以劝阻、调解。对遗弃家庭成员，受害人提出请求的，人民法院应当依法作出支付扶养费、抚养费、赡养费的判决。

男女双方缔结婚姻关系后，就形成了一系列的人身和财产关系。夫妻双方负有的相互扶助和供养的义务称为扶养，夫妻之间的扶养权利和义务是配偶身份权的重要内容，也是配偶身份关系和婚姻共同体的物化表现。一方不履行扶养义务时，需要扶养的一方有权要求对方履行扶养义务，该扶养包括经济上的供养、精神上的慰藉以及生活上的照顾。夫妻扶养属于生活保持义务范畴，既是双方当事人从缔结婚姻开始就共生的义务，也是婚姻或家庭共同体得以维系和存在的基本保障，同时也是人类个体婚制形成以来婚姻一直负载的基本功能。无论婚姻实际情形如何，也不论当事人双方的感情状况如何，夫妻扶养既是双方的权利，也是双方的义务，在婚姻关系有效持续的整个过程中一直存在且具有法律约束力。

本案中，周莉在丈夫张涛患精神病后，不仅拒绝照顾张涛，还拒绝支付张涛继续治疗所需要的费用，显然违反了《中华人民共和国婚姻法》中规定的夫妻之间互相扶养的义务。

无民事行为能力人离婚

Q：无法辨认自己行为的精神病人张涛能否提起离婚诉讼？

无民事行为能力人往往是需要被照顾的人，因此，也一般被认为是配偶的负担。在这种情况下，我们可能会费解无民事行为能力人为什么会需要离婚呢？

在2010年以前的审判实践中，无民事行为能力人一般在离婚诉讼中都是被告。正是因为这种基于早期司法实践的认识，导致了我国婚姻法只就完全民事行为能力人的离婚问题作出了具体规定，对欠缺民事行为能力人的这些特殊人群的离婚问题规定甚少。但是在近些年的司法实践中，有时会出现遇到无民事行为能力人的配偶一方出于继承或占用财产的目的，既不提起离婚诉讼也不履行法定的夫妻扶养义务，甚至擅自变卖夫妻共同财产，对无民事行为能力一方实施家庭暴力或虐待、遗弃等，严重侵害了无民事行为能力人的合法权益。如果一概不允许无民事行为能力人作为原告提起离婚诉讼，可能会出现在合法婚姻的幌子下，肆意侵害无民事行为能力人权益的情况。

因此，最高人民法院在2011年发布的《关于适用〈中华人民共和国婚姻法〉若干问题的解释（三）》（下称《婚姻法司法解释（三）》）中的第八条规定，无民事行为能力人的配偶有虐待、遗弃等严重损害无民事行为能力一方的人身权利或者财产权益行为，其他有监护资格的人可以依照特别程序要求变更监护关系；变更后的监护人代理无民事行为能力一方提起离婚诉讼的，人民法院应予受理。

可见，在一定的条件下，无民事行为能力人可以通过监护人代理的方式提起离婚诉讼。首先，无民事行为能力人的配偶要有虐待、遗弃等严重损害无民事行为能力一方的人身权利或财产权益的行为。其次，除无民事行为能力人的配偶外的其他有监护资格的人（如父母、成年子女、其他近亲属等）需要依照特别程序要求变更监护关系。

需要变更监护关系的原因是，根据我国《中华人民共和国民法通则》第十七条的规定，无民事行为能力或者限制民事行为能力的精神病人，由下列人员担任监护人：（一）配偶；（二）父母；（三）成年子女；（四）其他近亲属；（五）关系密切的其他亲属、朋友愿意承担监护责任，经精神病人的所在单位或者住所地的居民委员会、村民委员会同意的。可见，如果夫妻一方是无民事行为能力人，其配偶是其法定第一顺位监护人，也是当然的法定代理人。因此，只能经过变更监护权的特别程序，其他亲属才有可能代理无民事行为能力人提起离婚诉讼。经过特别程序变更监护权后，变更后的监护人就可以代理无民事行为能力一方提起离婚诉讼。

本案中，张涛遭受车祸后，患上精神病，且已无法辨认自己的行为，属于无民事行为能力人。在张涛患病后，妻子周莉不履行法定扶养义务，不仅拒绝照顾尚在住院的丈夫，还拒绝支付丈夫继续治疗需要的款项，显然已经严重损害了张涛的人身权利，构成对张涛的遗弃。因此，张涛的父母可通过特别程序变更监护关系。变更成功之后，张涛的父母即可代理张涛提起离婚诉讼。

明天和意外，没有谁能百分百确定究竟哪个先来

每个人都希望每一天的日子能平平安安、健健康康地度过。但风险之所以称之为风险，就是因为其不确定性。哪怕风险出现的概率是极低的，但一旦落在谁头上，就是灾难、负担，甚至是家庭未来生活的转折点。

解决方案

本案中夫妻二人构筑起来的幸福小家庭，在遭遇横祸后立即变得摇摇欲坠。那么，如何才能更好地解决本案中的问题呢？或者，如何更好地预防本案中的情况发生呢？

方案 1 意定监护确定意外时的监护人

适用于 → 在自身危难时刻存在更能担起责任的人的家庭一方。

本案例的主要问题是丧失行为能力后的监护人确定，以及分割夫妻共同财产。正所谓“夫妻本是同林鸟，大难临头各自飞”，这是人性的本能，因此不必纠结于周莉是否应该放弃张涛的道德审查，而应着眼于此类风险将临时的应对措施。

对于张涛父母而言，重要的是继续支付治疗费用，但是财产都由周莉掌管，在周莉拒绝支付医药费的前提下，张涛父母要提出财产分割，首先要解决其监护权问题。如果按照特别程序变更监护权，需要经过诉讼程序，且不说聘请律师的费用，单是时间，张涛父母就拖延不起。根据《中华人民共和国民法总则》第三十三条的规定，“具有完全民事行为能力的成年人，可以与其近亲属、其他愿意担任监护人的个人或者组织事先协商，以书面形式确定自己的监护人。协商确定的监护人在该成年人丧失或者部分丧失民事行为能力时，履行监护职责”。因此，为解决自身突发意外导致行为能力丧失后监护权问题，可以通过办理意定监护公证，在自己具备行为能力的时候就确定好自己一旦丧失行为能力的监护人。如果张涛此前办理过意定监护，确定其父母为监护人，则其父母自然不必再通过特别程序变更监护权。

关于离婚分割共同财产以支付张涛医疗费问题，由于离婚诉讼的特殊性，往往夫妻共同财产的分割是以判决离婚为前提的，而实践中第一次起诉离婚，如果一方坚决不离婚时，法院很难判准离婚。此时，需要大量证明夫妻感情破裂的证据才可能在第一次起诉时获准判离并分割共同财产。

但本案中，只要确定了张涛的监护人，其医疗费用问题自然迎刃而解。首先，关于 100 万元的事故赔偿金，根据《中华人民共和国婚姻法》的规定，一方因身体受到伤害获得的医疗费、残疾人生活补助费等费用属于夫妻一方的个人财产。因此张涛父母有权以监护人身份要求周莉返还该 100 万元事故赔偿金。其次，若该 100 万元事故赔偿金仍不足以支付医疗费，根据《中华人民共和国婚姻法司法解释（三）》第四条的规定，婚姻关系存续期间，夫妻一方负有法定扶养义务的人患重大疾病需要医治，另一方不同意支付相关医疗费用的，可以要求婚内分割夫妻共同财产。举轻以明重，夫妻一方负有法定扶养义务的人患重大疾病都可要求婚内分割财产，更何况夫妻一方本人身患重病，另一方拒不支付医疗费用。据此，张涛父母有权要求婚内分割夫妻共同财产（即按揭中的房产）。最后，张涛父母同样可以以离婚为由诉请解除张涛与周莉的婚姻关系，并分割夫妻共同财产。

方案 2
用保险抵御健康风险

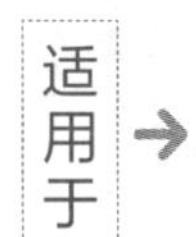

没有任何保障的“裸奔”家庭。

“一人生病，全家返贫”“一夜回到解放前”“挣钱的速度赶不上花钱的速度”……这些俗语其实总结的就是生活中真实的现象。大病住院可以说是到医院花钱买命。这样的风险是不确定的，是未知的，可是真的无法预防吗？

我们的生活水平主要有四个阶段：贫穷、小康、舒适、富裕。

作为家庭的支柱，努力工作就是为了提高和改善生活的水平，相信这也是我们工作的动力。

但是人生有两件事情是不可控制的，一是意外；一是疾病。如果这两件事有一件发生在我们身上，家庭的生活水平将会如何呢？

如何承担起家庭责任？

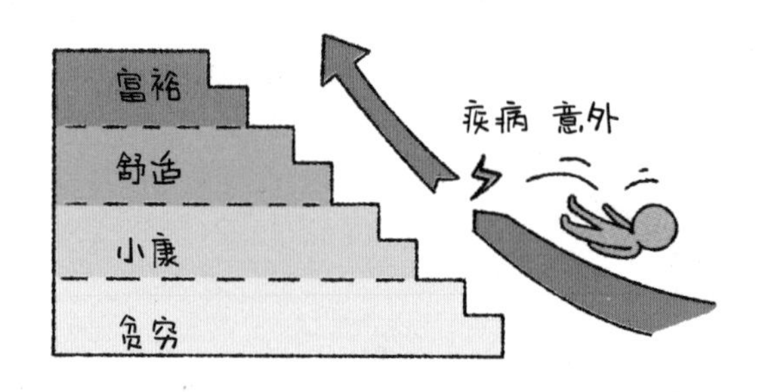

“意外是一了百了，疾病是没完没了……”贫穷和小康的距离，或许只因一次意外，一次疾病；“久病床前无孝子”“夫妻本是同林鸟，大难临头各自飞”……这些古话也道出了人性的自私和无奈。这样的无情事实，已经摆在这对夫妻面前。

张涛不幸遭遇意外，带来的是长期需要康复治疗的痛苦。这份痛苦需要由两个家庭的至亲一起来承受。虽然张涛获得了一笔意外赔偿金，可惜，人性是自私的——周莉中途“退出”了。这不仅直接导致张涛很难获得高品质的医疗服务，而且张涛的父母未来也还将承受更大、更长期的医疗费以及照料上的痛苦。

提前规划预防健康风险，是用最小的成本换取最大的保障，让风险“防火墙”没有缺口。健康的时候，是为自己以及家人投保的最好时机。周莉和张涛也是如此，既然风险不可把控，那么就要在有收入、有健康的时候，为双方规划健康保障。

那么我们来看看，像周莉及张涛这样的情况，应当如何保障规划吧！

周莉和张涛的保障规划

保障类型	投保人	被保人	受益人	保障配置说明
重疾险	周莉	张涛	周莉50%、张涛父母各25%	规避因重疾风险来临带来的家庭原有储蓄的损失
	张涛	周莉	张涛50%、周莉父母各25%	
医疗险	周莉	张涛	张涛100%	解决在医院治疗住院期间的费用，合同范围内保险公司报销理赔，大幅度地减少自费开支
	张涛	周莉	周莉100%	
定期寿险（到60岁）	张涛	张涛	周莉50%、张涛父母各25%	当发生人身风险时，定期寿险用最小的成本，可以帮助家人获得一笔经济上的资助
意外险	张涛	张涛	周莉50%、张涛父母各25%	以年收入的10倍作为自己的意外险保额，将风险转嫁给保险公司。张涛和周莉可以为自己规划300万元的意外险，包括航空、火车、轮船、公共交通、驾乘私家车等交通意外、自然灾害、普通意外，及意外导致的手术或是门诊，都能得到理赔
	周莉	周莉	张涛50%、周莉父母各25%	
防癌险 医疗险	张涛	父母	张涛100%	为父母规划防癌险和医疗险，让父母得到最基本的医疗保障。并且增加豁免。当子女发生风险时，父母仍然能得到必要的关怀
养老金	张涛	周莉	张涛100%	在周莉和张涛的职业黄金期，拿出家庭工作收入的10%，为妻子投保养老金，这样通过10年、20年的规划，家庭的基本养老金也就打好了一定的基础，同时这也是属于夫妻的专属养老资金储备

本节关键词

法律关键词　无民事行为能力人　监护权　离婚分割　婚姻法

理财关键词　重疾险　医疗险　意外险　定期寿险　养老金

本节案例
所涉及的法律依据及相关解释

法·律·规·定·及·司·法·解·释

■ 关于无民事行为能力人的监护

最高人民法院关于适用《中华人民共和国婚姻法》若干问题的解释（三）

● 第八条：无民事行为能力人的配偶有虐待、遗弃等严重损害无民事行为能力一方的人身权利或者财产权益行为，其他有监护资格的人可以依照特别程序要求变更监护关系；变更后的监护人代理无民事行为能力一方提起离婚诉讼的，人民法院应予受理。

《中华人民共和国民法总则》

● 第二十八条：无民事行为能力或者限制民事行为能力的成年人，由下列有监护能力的人按顺序担任监护人：

（一）配偶；

（二）父母、子女；

（三）其他近亲属；

（四）其他愿意担任监护人的个人或者组织，但是须经被监护人住所地的居民委员会、村民委员会或者民政部门同意。

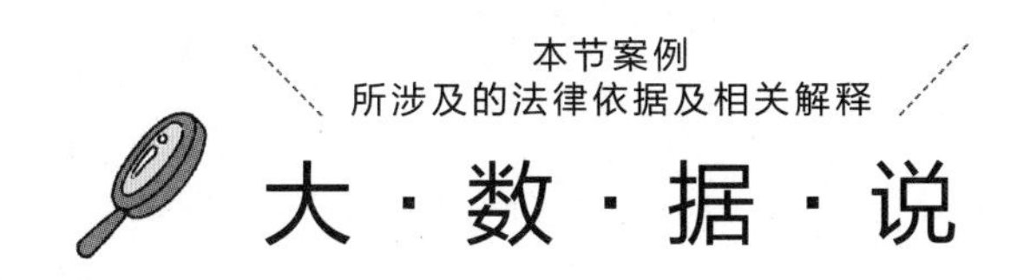

通过无讼检索涉及无民事行为能力人离婚相关的案件，发现 2014 年至 2016 年间，分别有 509、557、401 个案子是无民事行为能力人离婚的案件。可见，无民事行为能力人离婚案件数量并不罕见，无民事行为能力人离婚的问题都是值得我们关注的。

涉及无民事行为能力问题必然离不开监护人。监护作为一项重要的法律制度，其设立的目的主要是保护无民事行为能力人和限制行为能力人的合法权益，由监护人对其人身、财产及其他合法权益进行监督管理和保护，以弥补其民事行为能力的不足。通过聚法案例库检索“案由：申请变更监护人”，共检索出 1129 篇裁判文书。根据案件发生的省份分布可以看出，此类案件更多发生在经济发达、居民富裕程度更高的地区，如上海市、北京市高居前两位。

无民事行为能力人的离婚案件（按省份）

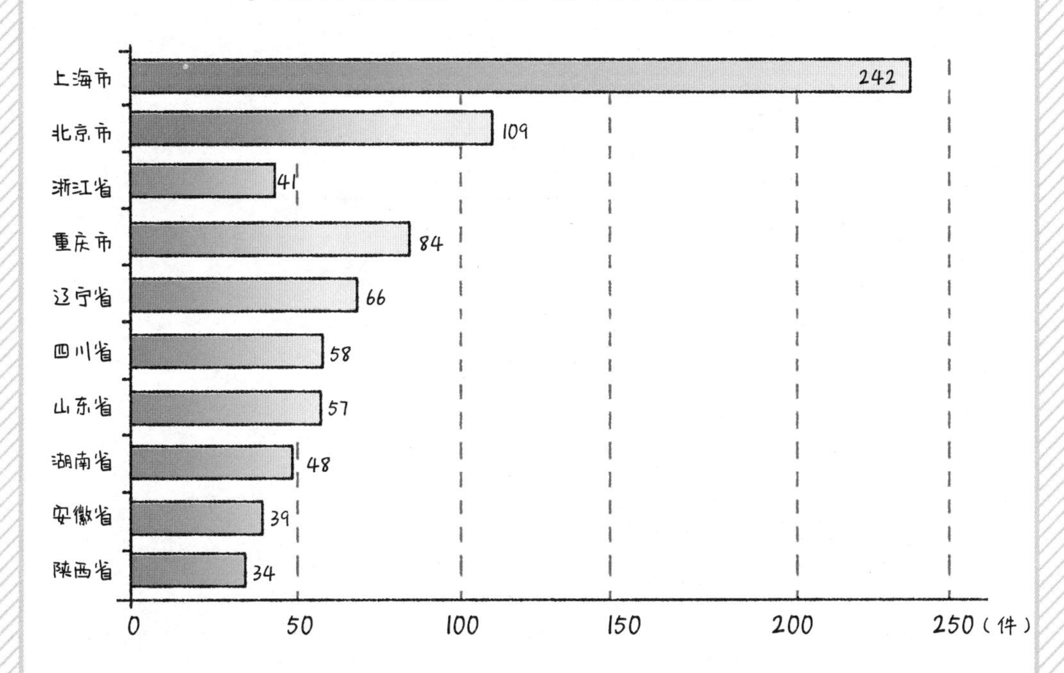

再结合下面“审判年份”图表可以发现，申请变更监护人的案件自 2011 年至 2018 年整体上逐年升高。

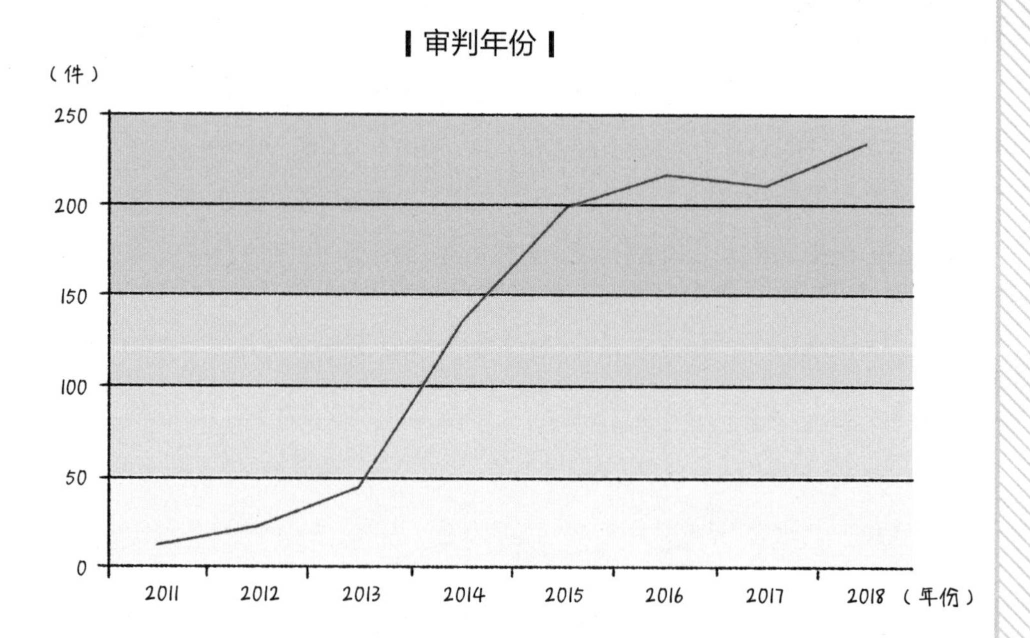

监护人的职责，虽然包括人身监护和财产监护两个方面，但是财产监护却是引发监护纠纷的更重要的直接因素。可见，随着社会生活富裕程度的提高、意外风险因素的增加，此类案件将继续增加。

案例 2-3

“空床费”引发的二女争夫

——如何避免婚姻危机中家庭主妇在经济上得不到保障？

案例重现

（本案例中的名字均为化名，如有雷同，纯属巧合）

去年除夕，做好饭菜等着丈夫董刚回家守岁的田红，在出门寻夫的过程中被“小三”姚娜狠狠讥讽了一番。虽然董刚最终回家过年，但泪流满面的田红心碎不已，也许当初就不应该答应董刚那个“空床费”的约定。

这“空床费”又是怎么回事呢？一切还得从田红的婚姻说起。

丈夫董刚是税务局的一个干部。二人结婚不久，因婆婆卧病在床，于是田红辞掉工作照顾婆婆，把家里打理得井井有条。前两年，公婆相继去世。因觉得自己脱离社会太久，田红便继续在家当家庭主妇。夫妻俩的日子其乐融融，唯一的遗憾是一直没有孩子。十年前检查过，田红去医院拿的结果，田红告诉董刚是自己不能生育。董刚想过离婚，可是母亲临死前千叮万嘱：“田红是个好媳妇。不许因为田红不能生孩子离婚。”

自从两年前董刚升了科长以后，应酬便多了起来，还经常夜不归宿。时间一长，田红心里不踏实了。一番明察暗访，然后就查出了丈夫有外遇。姚娜是个注册税务师，年轻漂亮又能干，因工作关系认识了董刚。一个手中有权，一个有事相求，两个人一来二去就鬼混到了一块儿。

当田红向董刚兴师问罪时，董刚非但没有愧疚，反而说道：“如果你觉得我对不起你，没尽到丈夫的责任，从现在开始，我付给你‘空床费’。”“‘空床费’？”田红愣了。“是，从今天开始，晚上 12 点至早上 7 点，如果我不回家住，每小时支付你‘空床费’50 元，总之，我该去应酬的时候，你不能拦我，你也不能揪住一些子虚乌有的东西胡闹。否则就离婚。”董刚的语气很强硬，还从口袋里掏出两百块扔在桌子上，说这是今天的“空床费”。

震惊之余，田红感到难以置信。但自己现在是家庭主妇，离开老公怎么活啊？算了，手上拿点钱这日子也过得踏实点，男人在外面玩够了就回来了。就这样，田红与董刚之间就此达成了口头约定，一场风波平息了。

去年大除夕夜，老公竟然完全不顾及自己的感受，田红边哭边把饭菜热好，可董刚已经躺在沙发上睡着了。她帮董刚盖了床被子，自己收拾收拾也进卧室睡觉了。没想到，一身酒气的姚娜竟然半夜跑来撕扯董刚："'空床费'都是我付的，你凭什么陪她守岁？我今天就是要告诉她，她老公是我的！"田红再也无法忍受了，她怒吼道："滚，都给我滚，不要让我再看到你们。"

田红绝望了，意欲轻生。而就在这时，电话铃骤然响起，竟然是医院打来的电话，说董刚服毒自杀，正在抢救。

田红赶过去守在董刚的床边一夜，第二天董刚终于醒了过来。但他第一句话却是："田红，咱们离婚吧。"田红心里直滴血，她淡淡地说了一句："你饿了吧，我回家给你熬点粥。"当她再来到董刚的病房外，却突然听到里面传来姚娜的声音："怎么样？田红答应离婚了吗？早知道你就试试割腕，喝这稀释的消毒水，样子一点都不惨，她怎么心软啊？"

一切都是诡计？田红在门外了解到事情的原委以后，彻底地死心了。她平静地推开房门走了进去。董刚和姚娜吓了一跳。田红把壶里的粥倒进小碗里，然后坚定地说："董刚，我同意离婚。你也不用再演戏了。恭喜你做爸爸了。"说完她扭头就走，走到门口时停了下来，淡淡说道："十年前体检结果并不是我不能生育，而是你。咱妈和我怕你伤心内疚，才谎称是我不能生育。"然后推门出去了。田红的这句话就像一枚炸弹，董刚被炸得当场就找不到北了。姚娜脸上是青一阵白一阵，一脸委屈："我就是太爱你了，我就是想和你结婚。我骗你的，我没有怀孕。"

直到此时，董刚才认识到，田红才是一位好妻子，可惜一切都无法挽回了。田红正式向法院提出离婚，其诉讼请求中，有一项是请求法院判决董刚支付"空床费"人民币 5600 元。在这场争夺丈夫的战役中，取得胜利的姚娜万万没有想到，就在她和董刚结婚后不久，二人双双被举报，董刚因滥用职权和收受贿赂、姚娜因逃税罪而锒铛入狱。

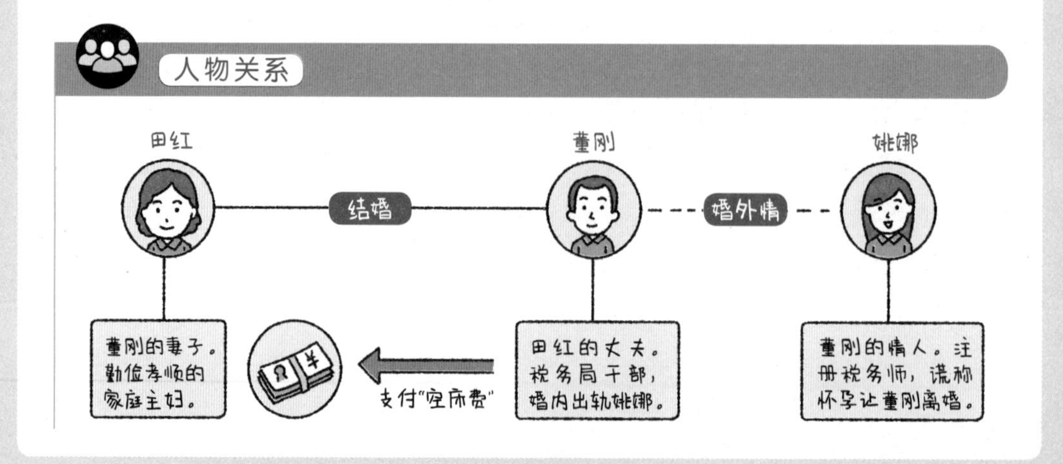

本案风险点

没有收入的家庭主妇，没有专属自己的财务“保护伞”，纵然为人善良，却难逃被人算计与利用

家庭主妇花费大量的精力照顾家庭，甚至渐渐与社会脱节，最后却落得人财两空，这样的故事并不少见。如果说过去大众的法律意识和理财意识相对比较薄弱，那么从现在开始，就要学会用知识武装自己，保护自己，保护家庭。

律师说“法”

“空床费”的法律效力

对“空床费”，法律并无明文规定，在法学界有两种不同的意见：

第一种意见认为，“空床费”有悖于传统习惯，违背了婚姻的本质，于法无据，属于无效合同关系。从《中华人民共和国婚姻法》的立法本意上看，结婚是建立在完全平等、自愿、相爱基础之上的，如果支持“空床费”，势必会打破传统的婚姻价值取向。如果人人都效仿，以各种理由夜不归宿，然后用金钱来为另一方的寂寞“买单”，那维系婚姻的感情纽带也将断裂。总之，若以所谓的“空床费”作为婚姻关系的纽带，则将婚姻金钱化、利益化，这样的婚姻有悖立法本意。

第二种意见认为，《中华人民共和国合同法》第二条第2款明确规定：“婚姻、收养、监护等有关身份关系的协议，适用其他法律的规定。”因此，“空床费”协议的效力应根据《中华人民共和国民法通则》中关于民事法律行为效力的规定来确定。“空床费”是对夫妻同居权的补偿，订立“空床费”协议的双方具有完全民事行为能力，意思表示真实，不违反法律和社会公共利益，且能够对夫妻一方的行为进行约束，违约条款具有经济性，可以发生财产变动的法律后果，应当认定为合同关系。给付“空床费”是对丈夫违反约定采取的惩罚性补偿措施，具有违约责任的性质。

最终法院采纳第一种意见进行裁判，田红和董刚因夫妻感情确已破裂，准予离婚。对于原告提出要求被告赔偿“空床费”5600元的诉讼请求，无事实与法律依据，不予支持。

解决方案

家庭主妇在面对潜在的婚姻危机时，该如何尽量降低自己的损失呢?

方案 1 签订《中华人民共和国婚内夫妻财产协议约定》

适用于 → 普通家庭或尤为关注婚姻忠诚问题的家庭。

本案中所谓“空床费”其实是夫妻忠诚协议的另一种版本，虽然最高人民法院主流观点认为夫妻间忠诚协议是有效的，但是此类问题不论是在理论界还是实务界都存在争议。与其在签订协议后与对方花费大量时间精力去争论忠诚协议是否有效，那还倒不如直接签订一份有效的协议，以示对忠诚夫妻感情一方予以财产方面的倾斜，对违反夫妻忠实一方课以金钱上的惩罚。因此，在夫妻双方协商一致的情况下，直接签署《夫妻婚内财产协议约定》，将婚内财产进行有效分割，确定各项财产的权属。这样，既避免了争论协议是否有效，又免去了夫妻忠诚协议的举证困难问题。

方案 2 智慧理财保障家庭主妇

适用于 → 没有经济收入的家庭成员一方，特别是全职太太。

即使说“空床费”是一段时期内社会发展的产物，但是一个家庭里面一人主要创造经济收入，另一人牺牲工作，主动承担起照顾家庭起居生活、抚养孩子、赡养老人的责任，这样的家庭结构却并不会随着“空床费”的消失而消失。如果不利用法律和金融知识，真正让处于弱势的一方有专属的财务保护，让家庭的财务状况平衡稳定下来，即使未来没有了“空床费”，也会产生其他财产纠纷。

与其事后补救，不如事前预防。应大胆地向有收入能力的一方提出合理的保障要求。

很多女性在婚姻中，有太多的“隐忍”，有的无权过问经济收入，有的甚至连基本的尊严也丧失了。本案中的田红非常孝顺且本分善良，却让董刚钻了空子。十年苦苦守护的婚姻，换来一场心碎，田红不仅没有得到家庭的幸福，自己还与社会脱轨，工作挣钱的能力也被岁月削去了。试想，将来她拿什么来养老？田红面对未来的生活，要考虑这样几个问题：

与董刚的婚姻结束了，未来靠什么养活自己？

如果出现了疾病或意外，谁来交医疗费？

如果将来重新组建家庭，自己是否能够有经济的支配权？有没有自己的专属资产？

| 养老保险有效隔离人生风险 |

每天你都在变老——老，是一件必然事件

养老是每一个公民——必然经历的人生过程

养老的风险是——会活多长以及品质如何

1. 生理风险	防止中断（积累期间加强意外和重疾保障）
2. 不可逆转	早做准备（越早准备越轻松）
3. 长寿风险	充分准备（生命长度不可预期，尽可能多做准备）
4. 人性风险	严守纪律（养老金需独立账户，专款专用）
5. 通胀风险	谨慎选择（选择一个稳健、能够超越CPI的投资渠道）
6. 政策风险	合理规避（充分理解政策趋势，合理运用保险的优势）

田红在结婚初期，就应该与丈夫董刚商量，除了补贴家用的生活费，丈夫还应该再规划一笔专属的资金，交给田红，为她配置最基本的医疗、重疾和养老规划。

| 田红和董刚的保障规划 |

保障类型	投保人	被保人	受益人	保障配置说明
重疾险	董刚	田红	董刚50% 田红父母各25%	规避因重疾风险来临带来家庭原有储蓄的损失。以丈夫董刚作为投保人，为田红规划一份最基本的保障，如防癌险+医疗险+重疾险，保额至少在100万～200万元
意外险	董刚	田红	董刚50% 田红父母各25%	规划100万元的意外险，覆盖航空、火车、轮船、公共交通、营运车辆以及驾乘私家车等交通意外、自然灾害、普通意外，以及意外导致的手术或是门诊，都能得到理赔
养老金	田红	田红	董刚50% 田红父母各25%	丈夫董刚拿出家庭工作收入的10%～20%，交给妻子田红，由她为自己投保养老金，这样通过10年、20年的规划，家庭的基本养老金也就打好了一定的基础。特别是对于全职太太田红而言，有一笔自己可以掌控的资金，更是一种安全感的保证。即使婚姻发生了风险，每年的生存金全部属于田红，现金价值的50%也属于田红

本节案例
所涉及的法律依据及相关解释

法·律·规·定·及·司·法·解·释

1 有关身份关系的协议的适用法律

《中华人民共和国合同法》

● 第二条第2款：婚姻、收养、监护等有关身份关系的协议，适用其他法律的规定。

2 有关民事行为效力的认定

《中华人民共和国民法通则》

● 第五十五条：民事法律行为应当具备下列条件：①行为人具有相应的民事行为能力；②意思表示真实；③不违反法律或者社会公共利益。

● 第五十八条：下列民事行为无效：①无民事行为能力人实施的；②限制民事行为能力人依法不能独立实施的；③一方以欺诈、胁迫的手段或者乘人之危，使对方在违背真实意思的情况下所为的；④恶意串通，损害国家、集体或者第三人利益的；⑤违反法律或者社会公共利益的；⑥经济合同违反国家指令性计划的；⑦以合法形式掩盖非法目的的。无效的民事行为，从行为开始起就没有法律约束力。

本节关键词

法律关键词　民法通则　合同法　婚姻法

理财关键词　重疾险　医疗险　意外险　定期寿险　养老金

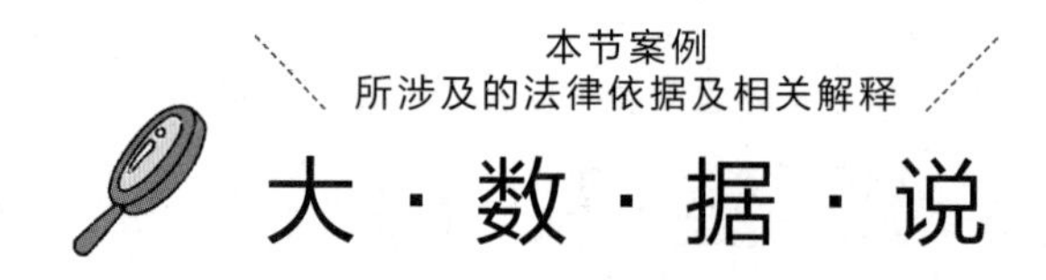

通过聚法案例库检索“空床费”，共检索出 41 篇裁判文书，在结果中继续检索“离婚”，检索出 19 篇裁判文书。再结合下面“审判年份”图表可以发现，关于“空床费”的诉讼请求纠纷在 2013 年以前非常罕见。但随着社会生活的演进变化，在 2013 年后此类诉求陡增，2014 年达到顶峰，近年开始有所减少。

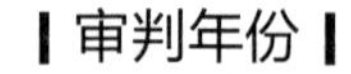

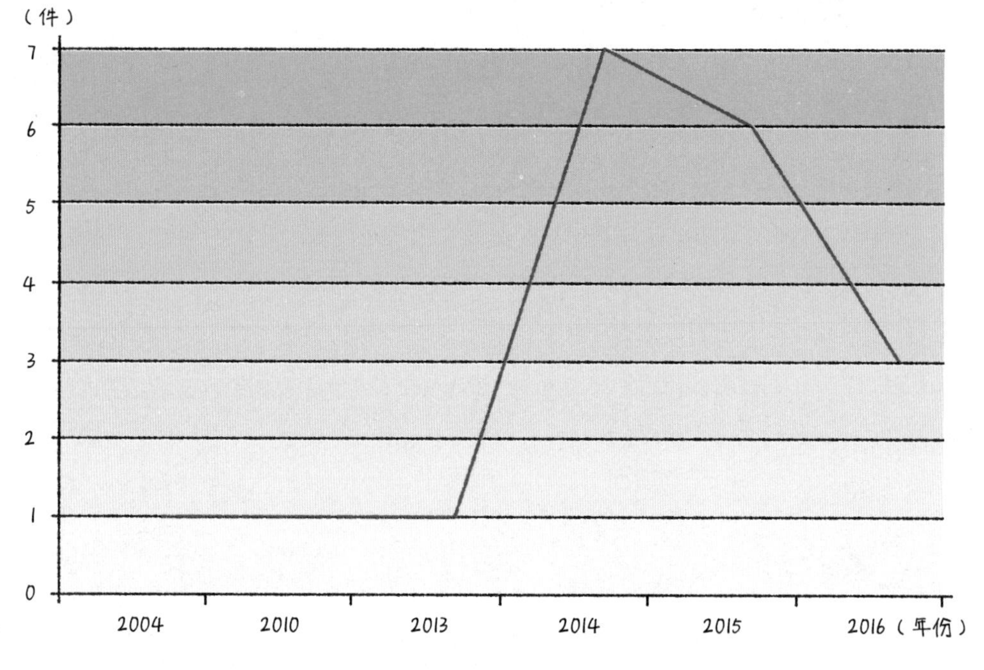

通过对 19 篇裁判文书的分析发现，虽然大部分离婚诉讼中提出要求赔偿“空床费”的主张均被法院驳回，但是法院驳回的裁判理由主要集中在以下三点：①无事实与法律依据，本院不予支持；②于法无据，本院不予支持；③因未向本院提供证据予以证明，本院依法不予支持。

从法院驳回“空床费”的裁判理由中，我们可以发现，在司法实践中，同样是驳回“空床费”的诉讼请求，但不同法院对此类问题所持观点还是有所不同的。有些法院完全认为“空床费”的诉讼请求是没有法律依据的，不予支持；有些法院则认为可以支持“空床费”的诉讼请求，但需要提供证据予以证明。

虽然有关“空床费”的诉讼请求大部分被驳回了，但是我们还是从中发现一起案例，在该案例中，原告有关“空床费”的诉讼请求得到了法院的支持。通过分析该案例，我们发现，原告提出本项诉讼请求的时候，向法院提交了多项证据：（1）提交原被告签署的“空床费”协议；（2）提交被告书写的欠“空床费”的欠条。法院在判决中指明：原告提出“空床费”主张，由于该笔费用是指原告与被告在婚姻关系期间，一方不尽陪伴义务，另一方给予一定补偿的费用，名为“空床费”，实为补偿费，该约定系双方当事人真实意思表示，且不违背法律规定，应属有效约定，依法应予主张。这个获得法院支持的案例提醒婚内订立“空床费”协议的夫妻双方，需要保留书面证据，以便在起诉时向法院举证证明。

案例
2-1

不能赔了老公又折兵

——如何避免家庭内一方因经营生意所借债务变成夫妻共同债务？

案例重现

（本案例中的名字均为化名，如有雷同，纯属巧合）

20年前的7月，毕业季，空气中都充满了离别的味道。

对于女孩儿周晴来说，她的惆怅不是来自和同学分别，而是来自要作出“到底是和男朋友分手还是和父母分别”这样一个痛苦的抉择。这是怎么回事儿呢？

周晴的男朋友秦小川，是校园里出名的歌手。秦小川的梦想是毕业后做一名浪迹天涯的流浪歌手。他骨子里的忧郁，深深吸引着周晴。但作为在这座城市有着一定社会地位的周晴父母，无论如何也不接受秦小川。他们已为周晴安排好了一份稳定的工作，要求女儿必须和秦小川断绝关系。最终，周晴和父母断绝了关系，与秦小川私奔到了南方一座城市。

过了那段浪漫期，当唱歌成为生存的手段时，秦小川就没有了当初的那份诗意和激情。他决定开始做生意，四处筹措资金，开了一个音像店。由于拥有独特的品位和良好的音乐感觉，秦小川的音像店开始小有名气。赚了一点点资金以后，秦小川又开了两家连锁店。这个时候女儿乐乐也出生了。秦小川不满足于音像店的收入，又将目光转向了炒房。借着房地产暴涨的机会，高峰的时候秦小川手里有二十多套房产，扣除银行贷款，按照市价出售能够赚差不多两千万元。但让秦小川没有想到的是，这个时候国家开始调控房地产市场，二十多套房子砸在了秦小川手里，每个月差不多二十万元的银行利息，压得秦小川喘不过气来。无奈之下，秦小川开始借高利贷。秦小川担心高利贷影响到周晴，在最大一笔高利贷200万元的借条中特意写道：“该笔借款的借款人为秦小川，借款用于偿还银行贷款。”

秦小川以为能够靠着高利贷等到房地产的春天。但越滚越高的利息最终压垮了他。秦小川为了不连累周晴，在此期间和周晴办理了离婚手续，同时还将唯一一套没有银行贷款的房子过户给了周晴。离婚后不久，银行和高利贷纷纷起诉秦小川，同时追加周晴为被告。

债权人的诉讼请求为：（1）请求法院立即判决秦小川归还借款；（2）请求秦小川的前妻周晴对上述债务承担连带责任。

屋漏偏逢连夜雨，秦小川在这个时候查出了肺癌，没等法院判决下来，就撒手人寰。

对于债务人死亡的案件，法院该如何判决？会不会判决该笔高利贷属于夫妻共同债务呢？

因为此案发生于2018年前，人民法院当时认为，对于开音像店和银行的贷款，由于该两笔债务都是发生在婚姻关系存续期间，在此期间，尽管秦小川所借的款是用来经营生意，但是经营所得多是用于家庭共同生活。因此该笔债务属于夫妻共同债务，由秦小川和周晴共同承担连带还款责任。对于秦小川独自对外借的高利贷，由于案件审判时仍适用《中华人民共和国婚姻法司法解释（二）》第二十四条的规定，婚姻关系存续期间夫妻以一方名义对外举债的，应认定为夫妻共同债务，除非债务人和债权人明确约定为个人债务。在秦小川借高利贷时，合同中“借款人是秦小川，用于归还银行贷款”的约定符合交易规范，并不能说该约定为高利贷公司和秦小川明确约定为秦小川的个人债务。尽管该笔借款的用途不属于家庭共同生活，但是由于《中华人民共和国婚姻法司法解释（二）》第二十四条对夫妻共同债务的认定标准是以借款时间来推定，凡属于婚内所借债务一般推定为夫妻共同债务。因此该笔借款依当时法律被认定为夫妻共同债务，周晴为连带债务人。此外，秦小川还将一套没有抵押的房子过户给了周晴，这足以说明秦小川有躲避债务的主观恶意。

综上所述，秦小川所借的所有债务都应当是夫妻共同债务。尽管秦小川和周晴已经离婚，但是债务发生于婚姻关系存续期间，通过离婚的方法并不会使另一方免除还款责任。

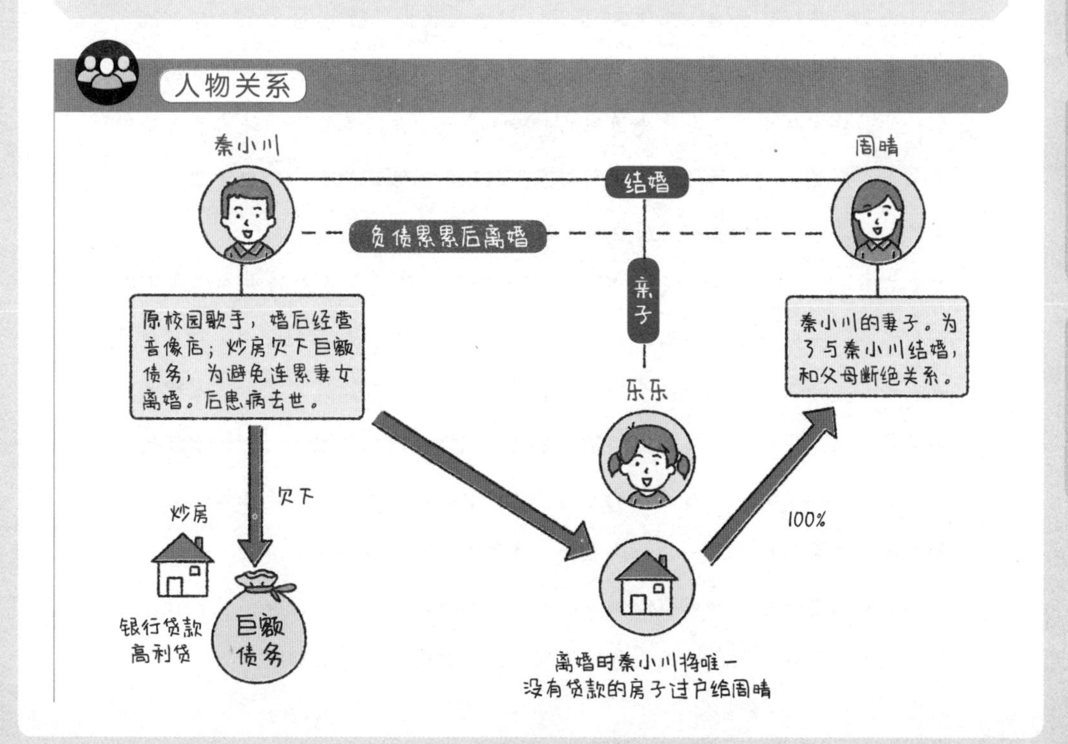

本案风险点

夫妻关系存续期间产生的债务，不是离婚就能脱离干系

婚姻中的债务，涉及的关键问题往往包括：这笔债务是在什么时间节点产生的；借钱是做什么用途；有没有特别的约定；债权人是否知情；等等。尽管都是借债，但根据不同的情况，判决的结果可能完全不同。

律师说“法”

夫妻共同债务承担

探讨夫妻共同债务的承担问题，首先要讨论的是夫妻财产制的问题。因为，在往往适用夫妻财产各自所有制的国家，很少涉及夫妻共同债务的问题；而在适用夫妻共同财产制的国家，一般都涉及夫妻共同债务认定的问题。传统的大陆法系国家多认为夫妻双方可以自愿约定双方的财产关系，即夫妻双方可以通过约定的方式，来对于所有或者部分财产确定所有方式，比如《法国民法典》第 1387 条、《德国民法典》第 1408 条第 1 款都规定了夫妻双方的财产以意思自治原则来予以确定所有情况。并且意思自治原则在国外的司法实践中，是最优先适用的，除了意思自治原则以外，还有两大辅助原则，分别是共同生活之用途规则与家事代理权限推定规则。可以看出的是，国外的立法的确更加注重实质要求，注重当事人的主观需求。

在我国，意思自治原则是民法的基本原则。但是在早期的审判实践中反映较多的是一些夫妻“假离婚、真逃债”的实际情况，最高人民法院在对债权人利益和夫妻另一方利益衡量后，于 2003 年 12 月 4 日通过了《中华人民共和国关于适用〈中华人民共和国婚姻法〉若干问题的解释（二）》，该解释的第二十四条明确了夫妻共同债务认定的裁量标准。原则上，只要是在婚姻关系存续期间所发生的债务，一般都认定为夫妻共同债务，应当由夫妻共同归还，例外情况是夫妻一方能够证明债权人与债务人明确约定为个人债务；另一种例外情况是夫妻双方约定在婚姻关系存续期间，夫妻财产归各自所有。

但是近年来，各级人民法院以及妇联等组织经常接到反映或者投诉，也出现了夫妻一方与债权人恶意串通损害夫妻另一方权益，而人民法院适用第二十四条判令未举债一方配偶共同承担虚假债务、非法债务的极端案例。为及时有效地解决这一问题，最高人民法院出台了《最高人民法院关于审理涉及夫妻债务纠纷案件适用法律有关问题的解释》，该解释自2018年1月18日起施行，对夫妻共同债务认定标准做出了根本性的调整。

根据该解释的规定，以下几种情形可以认定为夫妻共同债务：

① 夫妻双方共同作出负债意思表示所形成的债务，例如共同在债务文书上签字，或者一方在债务形成后予以追认；	③ 金额超出家庭日常生活所需要，但债权人能证明用于夫妻共同生活、共同生产经营的债务。
② 一方为家庭日常生活需要所负的债务；	

若本案在2018年1月18日之后作出判决，则依《最高人民法院关于审理涉及夫妻债务纠纷案件适用法律有关问题的解释》的规定，由于周晴并未在秦小川出具的借条上签名确认愿意共同承担还款责任，亦无证据证明周晴在秦小川借款之后对其借款行为予以追认，债权人亦没有提供证据证明涉案借款用于周晴和秦小川家庭日常生活或夫妻共同生活、共同生产经营，故不应认定为夫妻共同债务。

本案值得注意的还有另外一个焦点，即离婚。秦小川认为和周晴离婚后，周晴便不用承担任何还款责任，并且秦小川还把唯一一套没有抵押的房子过户给了周晴。这样的做法在司法实践中并不一定能起到实质作用。即便依《最高人民法院关于审理涉及夫妻债务纠纷案件适用法律有关问题的解释》的规定，夫妻共同债务以共同签字确认为原则，但是所借款项是做什么用途，所借款项金额的大小等仍会对夫妻共同债务认定产生影响。如果所借款项符合夫妻共同债务认定的条件，那么即便日后离婚，该笔债务依然由双方承担连带还款责任。其次，秦小川把房子过户给了周晴，在离婚后，这财产虽然是周晴的个人财产，但是由于周晴是连带债务人，所以即便是周晴的个人财产，也要用来还款。后期法院很可能会将周晴的这套房子拍卖掉，从而来偿还秦小川和周晴婚姻关系存续期间的夫妻共同债务。最后，即便是秦小川死亡后，周晴仍然不能免除还款责任。

对于债权债务纠纷，若债务人死亡，对于继承人而言，根据《中华人民共和国继承法》第三十三条的规定："继承遗产应当清偿被继承人依法应当缴纳的税款和债务，缴纳税款和清偿债务以他的遗产实际价值为限。超过遗产实际价值部分，继承人自愿偿还的不在此限。继承人放弃继承的，对被继承人依法应当缴纳的税款和债务可以不负偿还责任。"秦小川遗产会用来归还一部分的债务，若不足以清偿时，周晴依然要承担还款责任。

解决方案

那么，婚姻中怎样做才能更好地将债务和家庭隔离开来呢？

方案 1 债务各签，避免与家庭生活资金混同，明确借款用途和流向

适用于 → 夫妻中一方需要借款负债用于家庭共同生活以外其他方面的。

我们可以参考《最高人民法院关于审理涉及夫妻债务纠纷案件适用法律有关问题的解释》，以下几种情形会被认定为夫妻共同债务：①夫妻双方共同作出负债意思表示所形成的债务，例如共同在债务文书上签字，或者一方在债务形成后予以追认。②一方为家庭日常生活需要所负的债务。③金额超出家庭日常生活所需要，但债权人能证明用于夫妻共同生活、共同生产经营的债务。

因此，为避免形成夫妻共同债务，各自所借债务各自签立借款合同、借据，如非为家庭生活所借债务避免与家庭生活资金混同。

方案 2 资金充裕时提前做专属资金隔离计划

适用于 → 有外债的家庭，比如有一方正在经营企业，为了公司借款的；或者有其他借款行为的家庭。

有外债，是家庭中常见的现象，比如按揭买房找银行借款，做生意找朋友借钱，或者创业开公司急需资金周转……如果离婚，或者是借钱的人去世等，那么这些债务家人还要帮还吗？甚至在不知情的情况下也必须夫债妻还、父债子还吗？

周晴爱得真、爱得深，在热恋期与父母断绝了关系。婚后秦小川也没有让她失望，生意经营得不错，也为家庭置办了不少房产，但同时也背负了巨大的债务。高额的负债，就像一颗定时炸弹，一旦政策发生变化，市场发生变化，极容易给小家庭带来致命的风险和打击。

而且有时屋漏偏逢连夜雨。周晴要面对的不仅仅是债务的重压，还有丈夫秦小川罹患肺癌身故的打击。重疾加上债务风险，显然带着孩子的周晴无力承担。如果，在企业经营顺利的时期，在房产行情高涨的时期，他们能够预先规划，那么这些悲剧完全可以避免。

利用保险“三权分立”的功能，将投保人、被保险人、受益人进行合理设计，这个小家庭的情况就会发生大逆转。

“三权分立”理念

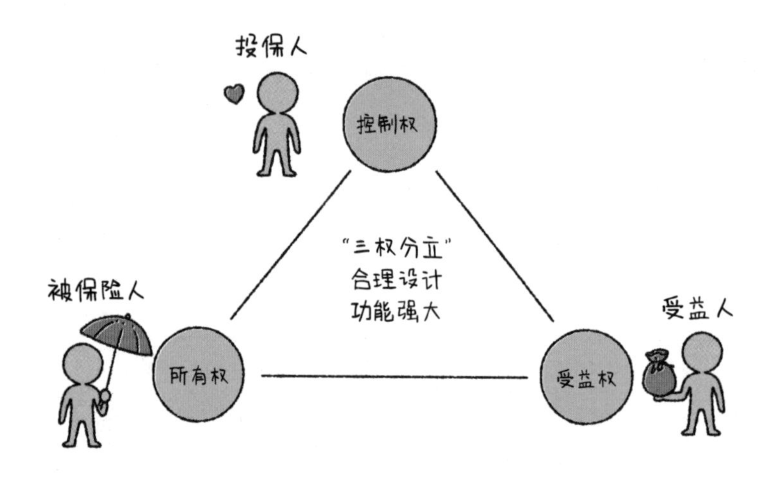

企业家家庭“三权分立”的设置推荐

推荐级别	投保人	被保险人	受益人	评　价
最优先	企业家父母	父母	子女	系第三人财产，债务全部隔离
优先级	企业家夫妻	子女	夫妻	部分隔离
次优级	企业家夫妻	配偶	子女	部分隔离
最次级	企业家夫妻	夫妻	夫妻	无法隔离债务

在企业经营蓬勃发展的阶段，在房产政策利好的时期，对资产进行重新规划，盘活出一部分现金，作为夫妻双方的医疗、重疾和养老规划，以及专属的隔离资金。

比如周晴和秦小川可以用这样的方式来规划：

秦小川一家的保障计划

保障类型	投保人	被保人	受益人	保障配置说明
重疾险 医疗险	秦小川	周晴	秦小川20% 孩子80%	规避因重疾风险来临带来家庭原有储蓄的损失。以丈夫秦小川作为投保人，为周晴规划一份最基本的保障，如防癌险+医疗险+重疾险，重疾保额在100万～200万元，医疗险保额200万元以上
意外险	秦小川	秦小川	周晴50% 孩子50%	规划300万元的意外险，覆盖航空、火车、轮船、公共交通、营运车辆以及驾乘私家车等交通意外、自然灾害、普通意外，以及意外导致的手术或是门诊，都能得到理赔
重疾险 定期寿险	秦小川 父母	秦小川	周晴50% 秦小川、父母50%	秦小川作为创业者，是一家老小的经济依托，同时又身负按揭贷款和债务。定期寿险以最小的投入来避免人身意外或身故等恶性风险出现时让家人陷入生活困境，并把负债风险转嫁给保险公司。建议规划保额要大于“负债+家庭生活的5年开支”，保额500万元起
养老金	秦小川 母亲	秦小川	周晴50% 孩子50%	将一部分房产通过出售，盘活一笔资金，用于规划养老金、教育金，以及个人专属的隔离资金池。在财务健康的时候提前部署，将个人资产与企业资产隔离。只有这样，作为企业主的秦小川，才能真正建立一笔完全隔离风险并受到保护的家庭资产，一方面可以尽到赡养父母的义务，另一方面也尽到了照顾妻儿的责任

本节案例
所涉及的法律依据及相关解释

法·律·规·定·及·司·法·解·释

1 夫妻共同财产和共同债务的约定

《中华人民共和国婚姻法》

● 第十九条：夫妻可以约定婚姻关系存续期间所得的财产以及婚前财产归各自所有、共同所有或部分各自所有、部分共同所有。约定应当采用书面形式。没有约定或约定不明确的，适用本法第十七条、第十八条的规定。

夫妻对婚姻关系存续期间所得的财产以及婚前财产的约定，对双方具有约束力。

夫妻对婚姻关系存续期间所得的财产约定归各自所有的，夫或妻一方对外所负的债务，第三人知道该约定的，以夫或妻一方所有的财产清偿。

《中华人民共和国婚姻法司法解释（二）》

● 第二十四条：债权人就婚姻关系存续期间夫妻一方以个人名义所负债务主张权利的，应当按夫妻共同债务处理。但夫妻一方能够证明债权人与债务人明确约定为个人债务，或者能够证明属于婚姻法第十九条第三款规定情形的除外。【注】该条内容已经被 2018 年 1 月 18 日施行的《最高人民法院关于审理涉及夫妻债务纠纷案件适用法律有关问题的解释》所修改。相关解释内容如下：

《最高人民法院关于审理涉及夫妻债务纠纷案件适用法律有关问题的解释》

● 第一条：夫妻双方共同签字或者夫妻一方事后追认等共同意思表示所负的债务，应当认定为夫妻共同债务。

● 第二条：夫妻一方在婚姻关系存续期间以个人名义为家庭日常生活需要所负的债务，债权人以属于夫妻共同债务为由主张权利的，人民法院应予支持。

● 第三条：夫妻一方在婚姻关系存续期间以个人名义超出家庭日常生活需要所负的债务，债权人以属于夫妻共同债务为由主张权利的，人民法院不予支持，但债权人能够证明该债务用于夫妻共同生活、共同生产经营或者基于夫妻双方共同意思表示的除外。

2 债务继承的约定

《中华人民共和国继承法》

● 第三十三条：继承遗产应当清偿被继承人依法应当缴纳的税款和债务，缴纳税款和清偿债务以他的遗产实际价值为限。超过遗产实际价值部分，继承人自愿偿还的不在此限。继承人放弃继承的，对被继承人依法应当缴纳的税款和债务可以不负偿还责任。

本节关键词

法律关键词　共同债务　共同财产　婚姻法　继承法

理财关键词　资产隔离　定期寿险　重疾险　医疗险　意外险　年金险

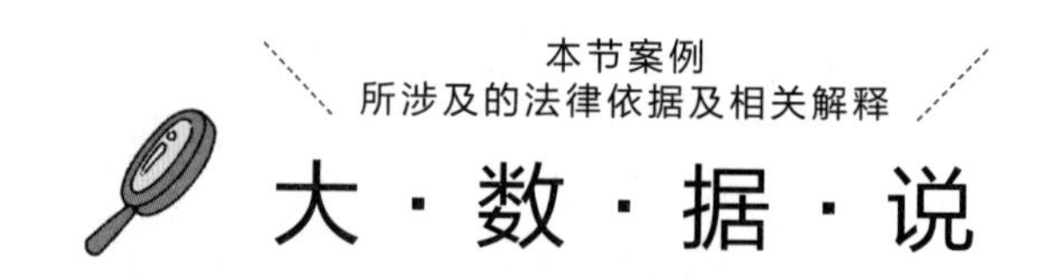

本案涉及的核心问题是夫妻共同债务承担的问题，特别是关于共同债务的认定更是近年来离婚纠纷审判的核心问题。

对于夫妻共同债务的认定，司法实践中基本上是以该笔债务发生的时间来予以认定。但也存在少数判例是按照借款的用途来认定是否属于夫妻共同债务。在北大法宝上以“夫妻共同债务认定”为关键词搜索出的126份判决书中，仅有3份判决书是按照“借款用途”认定了债务不属于夫妻共同债务，另外123份判决都以“借款发生在婚姻关系存续期间”和“证据不足”对借款认定为夫妻共同债务。

数据库	关键词	判决书数量	“借款用途”来认定	“债务发生时间”来认定
北大法宝	夫妻共同债务	126份	3份	123份

在北大法宝上以“《中华人民共和国婚姻法司法解释（二）》第二十四条”为相关法条搜索的26份判决书中，以一方个人名义对外借款被认定为夫妻共同债务的判决数量25份，仅1份判决因夫妻一方未能证明该借款发生于婚姻关系存续期间，从而法院未将其认定为夫妻共同债务。涉及该条文的案由都为合同纠纷，地域分布在全国9个省、直辖市。

数据库	涉及法条	判决书数量	夫妻一方个人债务	夫妻共同债务
北大法宝	《中华人民共和国婚姻法司法解释（二）》第二十四条	26份	1份	25份

家企混同的法律后果

——如何避免家企混同给企业、家庭和个人带来的多重风险?

案 例 重 现

（本案例中的名字均为化名，如有雷同，纯属巧合）

张家和李家各自都有庞大的家族企业，张家的公子张伟和李家的公主李倩自幼相识。当双方家长得知二人互生情愫时很是高兴，他们认为这桩门当户对的姻缘是两家企业强强联手、相互扶持的契机。

但没想到这竟为日后家族企业的垮台埋下了种子……

作为结婚礼物，张家给了张伟30%的公司股权，外加豪宅婚房，李家给了李倩10%的公司股权和现金作为嫁妆。两人结婚后，生活富足的张伟动了创业的念头。从小被家里人捧在手心里的张伟，并不是很懂经商和财富管理，他认为经营酒吧，既可以玩，又可以挣钱，一举两得。于是便和李倩商量着开一家有限责任公司，专门经营酒吧。李倩从小也没有缺过钱，在她的眼里只有自己和张伟的爱情，张伟说什么她都同意。起初，公司花了一大笔钱租了一家市中心的店面，见公司资金不够，张伟自己打了一笔钱到公司账户上，作为店面的装修费。

酒吧开始经营以后，张伟除了担任公司董事长外，还兼任公司的财务，在用公司的账号进货的同时，又买很多私人的娱乐设备，还经常用公司账户上的钱去弥补家族企业的资金链短缺。李倩婚后则在家做起了家庭主妇，带带孩子，逛逛街，从来没有关心过张伟的生意。

几年过去了，张伟觉得酒吧来钱不够快。正值李倩吵着要买一幢海边别墅用于度假，张伟便从公司账户上挪了一笔钱用于支付别墅的全款，之后公司账上的余款所剩不多。听闻酒店利润好，张伟便以公司的名义贷款买了一栋大楼，开了一家高档酒店。由于公司的资金不足，张伟便向自己的父亲和岳父借钱，对酒店大楼进行了豪华装修。张伟并非财务出身，算得一手糊涂账，他已经记不清用了多少钱在酒吧的经营和酒店的开业上，也分不清哪些是自己的钱哪些是公司的钱。他觉得，反正公司是自己的，公司的钱最终也是自己的，没有必要算得太清。

当酒店的运营需要继续投资时，张伟提议李倩卖了李家企业10%的股份来支持自己的事业。李倩不懂商业经营，只管支持张伟的生意。好巧不巧，李倩的10%股份竟然卖给了李家企业的竞争对手B企业，原来张伟只求价高，并没有调查交易对手的背景。由于B企业一直在暗地里向李家企业的小股东收购股份，不出半年李家企业就被竞争对手恶意收购了。李倩的父母对此非常愤怒，两家的关系也紧张起来。幸好张伟的酒店慢慢步入正轨，公司利润呈现大幅增长。张伟从公司账户上划了500万元给李倩父母，关系总算有所修补。

然而，在酒店扩大经营需要大量资金维护运转的时候，张伟的酒吧因涉及黄赌毒，被警方查封了，张伟的公司一下子断了收入来源，酒店也被迫停业。李家企业被收购，张家企业的财务状况也不佳，没有能力帮助张伟渡过此难关。

债权人听闻后，纷纷向张伟主张债权，并向法院提起诉讼，请求：（1）判令公司偿还债务；（2）判令张伟个人对公司的债务及其利息承担连带责任；（3）判令李倩对张伟的债务及利息承担连带责任。

张伟主张自己是公司股东，已经履行了出资义务，债权人无权请求自己承担连带责任。李倩则主张自己并非公司股东，也没有在公司担任任何职务，没有义务承担公司的债务。

最终法院认定，张伟在经营公司中未经正当程序，把公司资产挪作私人用途，法院有理由相信张伟与其经营的公司存在财产混同，使公司资本无法维持和保持不变，因此张伟作为股东应对公司的债务承担连带赔偿责任。另外，这些债务发生在张伟与李倩婚姻关系存续期间，且张伟挪用公司资产用于家庭生活（如购置别墅等），因此李倩对此部分家庭共同债务也应当承担连带清偿责任。

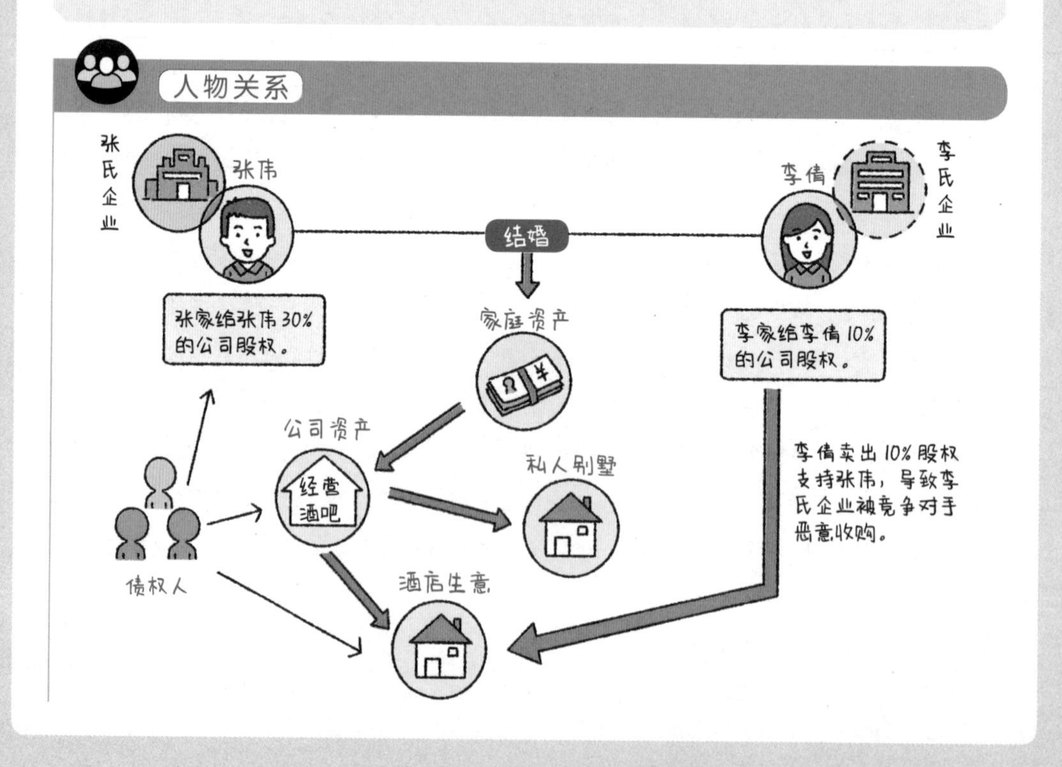

本案风险点

家庭资产与企业资产严重混同，当企业经营不善时，家庭也遭殃

张伟不熟悉经营与财务，却大大咧咧地认为“反正公司是自己的，公司的钱最终也是自己的，没有必要算得太清”，这个想法是非常危险的。家是家的，公司是公司的，尽管表面上看起来可能都是同一人在主导，但是这个人在家与公司中是不同的角色和身份，这就决定了他的行为的法律性质会不同。当资金越来越混淆，也就越难扯清关系，潜在的风险也会扩散并波及公司与个人家庭。

律师说“法”

本案的核心在于家企混同，在分析何为家企混同之前，我们先要了解公司的法人人格独立的背景。在公司法中，公司是一个拟制的人，享有独立的法人人格，包括财产独立和民事责任独立。财产独立是指，公司的财产独立于股东个人财产。虽然公司的初始资产来源于股东，但股东一旦履行完对公司的出资义务以后，该部分资产进入公司账户为公司所有，股东不得以任何名义抽逃出资。此后，股东对公司享有相应的人格权利和财产权利，例如公司重大事项的表决权和公司盈利后的分红权。民事责任独立，主要体现为公司以其全部财产对公司经营过程中产生的债务承担责任。

所以，一般情况下，有限责任公司股东仅以其认缴的出资额为限对公司承担责任；股份有限公司的股东以其认购的股份为限对公司承担责任。举个例子，假如公司资产只有5000万元，但对外负债8000万元，即便公司被宣告破产，超出公司承担范围的3000万元，债权人也能不要求已经履行了出资义务的股东承担偿债责任。但是，如果公司股东滥用公司法人独立地位和股东有限责任，逃避债务，严重损害公司债权人利益的，应当对公司债务承担连带责任。

家庭财产与公司财产混同的风险剖析

家庭财产与公司财产混同（以下简称“家企混同”）会导致公司丧失独立

的法律人格。这种情况常见于一人公司（只有一个自然人股东或者一个法人股东的有限责任公司）以及中小型的家族企业（包括夫妻档公司）。由于家族企业的股东会的成员均为家庭成员，而股东会是公司的最高权力机关，所以在决定公司资产的使用上容易倾向于个人或家庭用途，尤其是在一些规模不大的家族企业，往往由自己人担任财务，没有外聘财务监管人员，也没有规范的财务制度，这样一来更加容易混同公私财产。例如经常把个人开销甚至是子女的留学费用、配偶的生活费等都记在公司账上，如归入“管理费”“咨询费”“差旅费”等。有些企业更是公账私账混为一体，在公司投资需要资金时，便自己投钱补足，当家庭需要大额资金支出时又从企业财产中提取，等到要税务核算、要做年报时，发觉公司账面不平便让财务通过做账解决。长久下来，更没有公账私账之分了，也就是我们所说的家企混同了。

本案中，张伟担任公司的财务时，用公司的账号购置私人娱乐设备、房产，用公司账户上的钱去弥补家族企业的资金链短缺，将公司财产赠送给李家等行为，是属于典型的将公司财产与个人财产、家庭财产混同的行为。

（1）民事风险

家企混同会使得公司的偿债能力大大降低，是对公司债权人的利益造成严重侵害的一种情形，因此债权人可以通过诉讼向法院主张公司法人人格否认，请求相应企业主对公司的债务承担连带责任。

另外，就本案而言，张伟经营的公司是一人有限责任公司，根据《中华人民共和国公司法》第63条的规定，一人有限责任公司的股东若不能证明公司财产独立于股东自己的财产的，则应当对公司债务承担连带责任。也就是说一人公司的股东对公司债务承担连带责任不以股东严重损害公司债权人的利益为前提，即便张伟对公司投入了大量的私人财产，可能已经超过其从公司提取的财产，也不能免除其对公司债务的连带责任。

（2）刑事风险

家企混同为什么会涉及刑事风险呢？很多人会认为，私企属于企业主，其财产应该也属于企业主，自己拿自己的钱怎么会犯罪呢？实则不然，公司的财产属于公司，只有分配到股东（企业主）时，才属于个人财产。司法实践中，家企混同可能涉嫌职务侵占罪和挪用资金罪。

职务侵占罪是指公司、企业或者其他单位的人员，利用职务上的便利，将本单位财物非法占为己有，数额较大的行为。在家族企业中，企业主往往担任董事、高管等要职，他们基于职务便利，可以轻松实现直接将公司的财产划至私人账户的行为，且不用通过股东会决议等必要程序。但从法律层面上讲，此类行为有可能被认为侵占公司财产而被定职务侵占罪，而实践中没有被定罪处罚可能是所涉金额较小，账面处理得好或没有被检举揭发等，侥幸逃过立案追诉。

挪用资金罪是指公司、企业或者其他单位的工作人员利用职务上的便利，挪用本单位资金归个人使用或者借贷给他人，数额较大、超过 3 个月未还的，或者虽未超过 3 个月，但数额较大、进行营利活动的，或者进行非法活动的行为。对于企业主而言，挪用公司账上的钱去做周转也是时常有的事，但大家很少会意识到，这个挪用的行为可能会构成刑事犯罪，甚至有人抱着侥幸的心理对公司财务层面进行操作。如广州真功夫餐饮公司一案，董事长兼股东蔡某利用职务之便，指使下属虚构合同，将真功夫公司的资金占为已有及用于偿还其亲属的贷款；同时还将大量公司资产挪作私用。最终东窗事发，被认定成立职务侵占罪和挪用资金罪，处以 14 年有期徒刑。昔日霸道总裁最终难免牢狱之灾，不禁让人唏嘘。

富二代轻而易举地获得了股权、房产和现金等财富，却没有具备管理财富的能力，财不配位

拥有财富的数量和掌控财富的能力从来都是不一定成正比的。无论家庭是什么背景，财商教育都应是必修课。积累财富的路上千辛万苦，而若不懂经营自己的财富，就很可能会出现“富不过三代”。

解决方案

因此据上所述，针对本案中的情况，从法律和理财的角度来看，我们可将其解决方案归纳如下：

方案 1
规范公司运营，避免成立一人有限公司

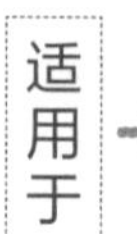

适用于 → 计划成立公司或经营公司的家庭。

防范家企混同风险，最主要是完善公司法人治理，规范公司运营。健全与规范公司财务制度、合同管理制度，完善股东个人与公司之间的资金往来事项的财务资料。处分公司财产时，需经过股东会或董事会决议或按章程规定处分财产，避免触发职务侵占或挪用资金的罪名。向公司增资或出借资金或为公司债务提供担保时，务必签订并留存与公司之间的合同与财务凭证。

根据《中华人民共和国公司法》第六十三条规定，一人有限责任公司的股东不能证明公司财产独立于股东自己的财产的，应当对公司债务承担连带责任。但是对于非一人有限责任公司则实行“谁主张，谁举证”原则，由债权人对股东和公司财产混同承担举证责任。由于现实生活中，针对股东和公司不规范运营，如果由股东自身承担证明公司财产和个人财产二者之间没有混同的责任，可能较难；同时，由于债权人不属于公司内部人，不清楚公司具体运营情况，由其承担证明公司和股东存在财产混同的举证责任同样困难，因此建议公司形式尽量避免采取一人有限公司形式。

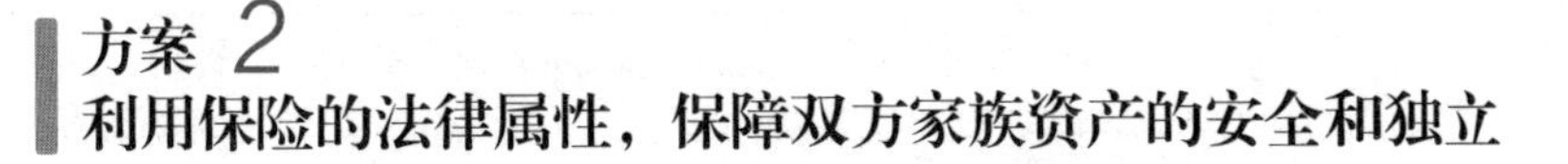

方案 2 利用保险的法律属性，保障双方家族资产的安全和独立

适用于 → 想给予子女资产又担心子女不懂经营的家庭。

存在家企混同的家族，往往所涉金额比较大，常常还牵涉到各种金融手段以及税务等方面，一旦某一环发生问题，就会对家族资产造成巨大影响。企业经营有周期，但家庭的正常生活不应该被动地跟着企业兴衰而遭受剧烈波动。一百个家庭可能有一百种情况，越是人员结构复杂、财务结构复杂的家庭，越需要完整的综合财务规划方案。

结婚时，豪宅、聘金，毫不犹豫；遇险时，却很有可能一切资产都化为乌有。父母对子女婚嫁的祝福和财富托付，也随之付诸东流。

子女结婚，送房产、送股权、送存折，都不如送一张人寿保单。唯有人寿保险所具备的法律属性，才能保证赠与子女的资产，不在婚变时受到分割，不因债务遭到抵消，不因败家而被挥霍。

人寿保险，是一种兼具赠与、遗嘱、信托、保险于一体的资产传承工具。

人寿保险是一种兼具赠与、遗嘱、信托、保险于一体的资产传承工具

序号	特　征	法律分析
1	指定受益人甚至受益比例	掌握财产分配权，相当于一种遗嘱安排
2	子女受赠与的个人财产	婚变时不作为共同财产分割
3	被保险人死亡后才赔付	不作为遗产，合理规避生前债务
4	定期领取收益	防止败家子，相当于家族信托
5	赔偿金不缴纳个税	一种节税安排（未来可能的遗产税）
6	保单可以贷款、融资	保障的同时可解决企业现金流问题
7	赔付手续方便、快速、私密	充当遗嘱执行人或信托受托人角色

保险也是企业资产与家庭资产的一道防火墙

张伟和李倩在婚前，就需要对婚嫁金、企业资产与家庭资产的隔离进行筹划。唯有预先规划，才能让财富长久造福于自己。由于双方家庭都有企业资产，实力雄厚，因此，建议婚前由双方父母预先为子女做必要的婚前资产安排，最好的方式是购买保险。因为保险是一种法律安排和契约，具有以下五大特点：

1. 保险是合同行为；

2. 保单收益可以明确地推算，是送给子女的一份稳稳的幸福；

3. 保险的融资意义，可以为子女创业提供一笔灵活的资金储备；

4. 保险，逐步释放财产；

5. 确保极端情况下不流失。

张伟和李倩的家族保障规划

保障类型	投保人	被保人	受益人	保障配置说明
重疾险	李倩	张伟	张伟父母100%	规避因重疾风险来临带来家庭原有储蓄的损失
	李倩	李倩	李倩父母100%	
意外险	李倩	张伟	张伟父母100%	规划500万元的意外险，覆盖航空、火车、轮船、公共交通、营运车辆以及驾乘私家车等交通意外、自然灾害、普通意外，以及意外导致的手术或是门诊，都能得到理赔
	李倩	李倩	李倩父母100%	
高端医疗险	李倩	张伟	本人	通过高端医疗险，拥有专属服务通道、绿色预约电话、医院陪同就诊服务、药品直送及海外就医，全球紧急医疗救援及转运等保障的全面覆盖，每年医疗报销的额度高达300万～800万元，全年7×24小时不间断医疗咨询与双语服务。同时，自动续保至80周岁，还有保证续保的条款，充分体现了客户的尊贵性
	李倩	李倩	本人	
寿险	张伟父母	张伟	李倩50% 张伟父母50%	配置1 000万元以上的寿险，一是与子女的身价相匹配；二是万一出现人身风险，双方的父母也能得到一份安慰，是一种长期的陪伴
	李倩父母	李倩	张伟50% 李倩父母50%	
年金险	张伟父母	张伟	张伟父母100%	双方父母在子女婚前，提前购买年金保险，就是将这笔现金变成了法律上专属子女的婚前财产。不会因为子女经营企业不善或是婚姻状况的变化，而影响其对这笔资金的管理权。而作为父母，这份爱和心意，也将会陪伴孩子一辈子
	李倩父母	李倩	李倩父母100%	

结婚前，以父母的名义为孩子投保，拒绝传统的父母与子女之间直接兑付的无保障方式，采用法律监管与资产管理兼具的手段——授之以渔。唯有这样，才能实现：

（1）确保孩子未来基本富裕的生活；

（2）防止孩子过早拥有财富而败家；

（3）虽然给孩子钱，但控制权在手；

（4）专属孩子的钱，不因婚姻而变；

（5）合理节税，顺利实现财富传承。

本节案例
所涉及的法律依据及相关解释

法·律·规·定·及·司·法·解·释

1 关于公司与公司股东的约定

《中华人民共和国公司法》

● 第三条：公司是企业法人，有独立的法人财产，享有法人财产权。公司以其全部财产对公司的债务承担责任。

有限责任公司的股东以其认缴的出资额为限对公司承担责任；股份有限公司的股东以其认购的股份为限对公司承担责任。

● 第二十条：公司股东应当遵守法律、行政法规和公司章程，依法行使股东权利，不得滥用股东权利损害公司或者其他股东的利益；不得滥用公司法人独立地位和股东有限责任损害公司债权人的利益。

公司股东滥用股东权利给公司或者其他股东造成损失的，应当依法承担赔偿责任。

公司股东滥用公司法人独立地位和股东有限责任，逃避债务，严重损害公司债权人利益的，应当对公司债务承担连带责任。

2 关于非法占用企业财务

《中华人民共和国刑法》

● 第 271 条：【职务侵占罪】公司、企业或者其他单位的人员，利用职务上的便利，将本单位财物非法占为己有，数额较大的，处五年以下有期徒刑或者拘役；数额巨大的，处五年以上有期徒刑，可以并处没收财产。

国有公司、企业或者其他国有单位中从事公务的人员和国有公司、企业或者其他国有单位委派到非国有公司、企业以及其他单位从事公务的人员有前款行为的，依照本法第三百八十二条、第三百八十三条的规定定罪处罚。

● 第 272 条：【挪用资金罪】公司、企业或者其他单位的工作人员，利用职务上的便利，挪用本单位资金归个人使用或者借贷给他人，数额较大、超过三个月未还的，或者虽未超过三个月，但数额较大、进行营利活动的，或者进行非法活动的，处三年以下有期徒刑或者拘役；挪用本单位资金数额巨大的，或者数额较大不退还的，处三年以上十年以下有期徒刑。

国有公司、企业或者其他国有单位中从事公务的人员和国有公司、企业或者其他国有单位委派到非国有公司、企业以及其他单位从事公务的人员有前款行为的，依照本法第三百八十四条的规定定罪处罚。

本节关键词

法律关键词　公司财产　个人财产　公司法　刑法

理财关键词　家企混同　定期寿险　重疾险　医疗险　意外险

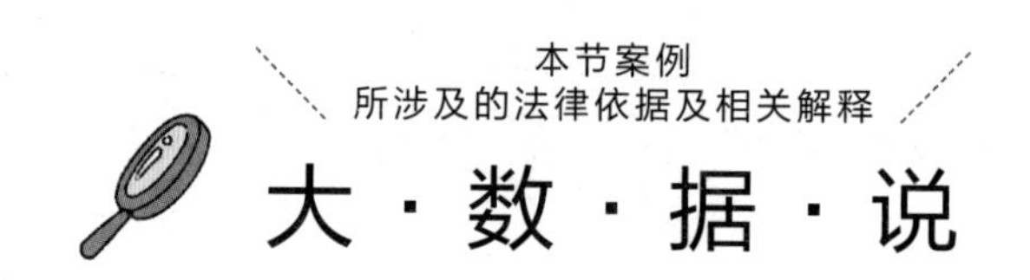

全国范围内，以“企业法人人格否认”为请求基础，要求股东对公司债务承担连带责任的案件有 2791 件（裁判文书公开的案件），其中广东省辖区有 337 件，作者选取其中有代表性的 50 个案件进行研究，发现法院对企业与股东财产是否混同的认定不单单是看公司账户的资金流向，还需看流向私人账户后是用于个人用途还是公司用途，如果个人账户只是起到中转作用或其他为公司利益而为的用途，则不属于财产混同。

另外，对于公账转私账是用于个人用途的主张，法院通常不予认可（超过 80%），原因是当事人需要提供证明公账转私账系公司用途的相应审计资料（包括会计汇账凭证、会计原始凭证等）、支付依据及凭证等证据，如不能提供相关证据或提供的证据不能排除对审计意见不真实的合理怀疑或不能形成完整的证据链条的，当事人要承担举证不能的法律责任——败诉，承担连带责任。

所以，企业主需要加强法律知识的学习，更新法律观念。在管理公司过程中，应该严格区分自己的私人财产和公司的财产，为防止家企财产混同，企业需要建立一套完备的公司财务制度。如需对公司财产进行处置，需要依法经股东会决议或董事会决议作出决定，不能仅凭个人意志将公司财产挪作他用或直接占为己有，否则不仅要对企业债务承担无限连带责任，还有可能触及刑事犯罪！

Chapter

第 3 章

离婚财产保全

案例
3-1

“假离婚”

——“假离婚”真的能实现夫妻二人资产增值吗?

案例重现

（本案例中的名字均为化名，如有雷同，纯属巧合）

2014年A市出台房地产限购政策，根据限购政策，在A市已拥有两套及以上住房的该市户籍居民家庭不得购买住房。张凡与其妻子王丽已经在A市拥有三套住房，属于被禁止继续购买房屋的对象。即便限购政策使得房价的涨速放缓，夫妻二人始终认为对于他们而言，房产是最合适的投资品。因此，限购政策导致本来已经在筹划购买第四套房的夫妇二人非常难受。

一次偶然的机会，张凡听朋友说可以通过“假离婚”的方式来规避限购政策。

比如，张凡的家庭现在拥有三套住房，张凡和王丽办理离婚登记后，两人就不再是一户。把房产全部分给张凡后，王丽名下便没有房产，自然可以继续购买。购买之后，二人再复婚就行了。张凡听后大喜，回家后赶紧把这个办法告诉了王丽。王丽心想，自己和丈夫的感情十多年来一直非常稳定，即便自己不能生育，丈夫也依然非常宠爱自己。因此，王丽认为“假离婚”对她而言，并不存在离婚后对方不愿意复婚的风险。二人商量后决定通过假离婚的方式规避限购政策，以达到整个家庭的投资需求。张凡与王丽于2015年2月1日到民政局办理离婚登记，并将两人签订的《离婚协议书》交民政局备案。这份协议约定：双方自愿离婚；二人名下的三套房产归张凡所有；二人名下的200万元存款归王丽所有，离婚后不得再有争议。

成功办理离婚登记后，张凡和王丽立刻去办理了不动产变更登记，张凡成为了三套房产的唯一产权人。同时，张凡和王丽也开始在A市的各大楼盘看房，并终于看中了一套正在预售的期房。王丽以自己的名义用假离婚分得的200万元付了首付，按揭购买了这套房屋。然而，由于二人购买的是期房，距离交房以及办理产权登记大概还有一年的时间。在等待的过程中，张凡和王丽还是和往常一样生活在一起，二人离婚的事儿也从来没有告诉任何人。因此，在外人眼里，他们还是那对幸福恩爱的夫妻。

一年过去了，交房和办理产权登记都非常顺利。但不幸的是，就在拿到房产证的一周之后，张凡在上班途中出车祸，当场身亡。悲痛中的王丽和张凡的父母一起料理张凡的后事，她早已忘记还未与张凡复婚的事。然而在办理继承的过程中，张凡的父母发现了二人已经离婚的事实。

对于不能生育的王丽，二老早已心有不满。如今，他们明白王丽已经丧失对张凡遗产的继承权。

此时，王丽也才意识到没有复婚，自己就不是张凡的配偶，自然就不是张凡的法定继承人。幡然醒悟的王丽心急如焚，她知道虽然张凡爱自己，但张凡的父母对于她不能生育可是早有怨言。显然，二老不会让她继承张凡一分一毫的遗产。因此，如果二人的离婚是有效的，对那三套两人共同购买，现已价值数千万的房产，王丽一分一毫都分不到。

于是，王丽只得向法院提起诉讼，请求法院宣告二人离婚无效。法院经审理认为协议离婚仅须男女双方自愿即可，无须审查男女双方是否感情破裂，无须考虑男女双方办理离婚登记的理由。因此，法院驳回了王丽的诉讼请求。

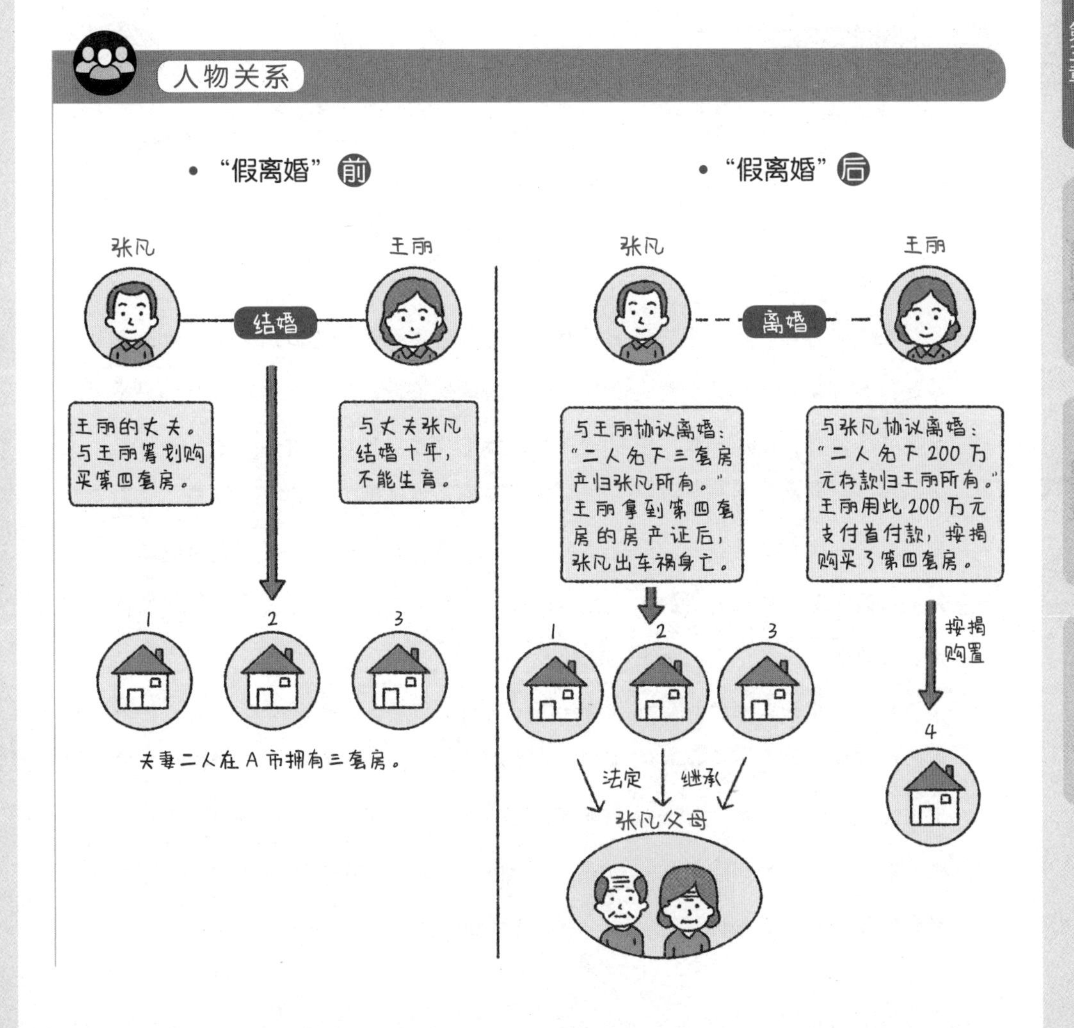

本案风险点

“假离婚”的潜在风险，远比预想的严重

本案中，张凡和王丽“假离婚”以购置新房产，离婚登记虽然规避了限购政策，却同时产生了“原本属于夫妻二人的三套房产已实际归张凡一人所有、张凡可自由选择复婚或不复婚”的风险。财产的主导权落入了张凡手中。

对于感情特别甜蜜的夫妻来说，可能会觉得婚姻风险不会发生在他们身上，但是人身意外风险，疾病风险等不可抗力不可预测的风险，却不受他们主观意志而转移。

律师说“法”

“假离婚”是否有效?

我国法律并未规定所谓“假离婚”，本文所指的“假离婚”是一种社会现象。这种所谓“假离婚”，假在夫妻双方并未感情破裂，没有要离婚的意思，离婚只是为了规避房地产限购政策而采取的手段。

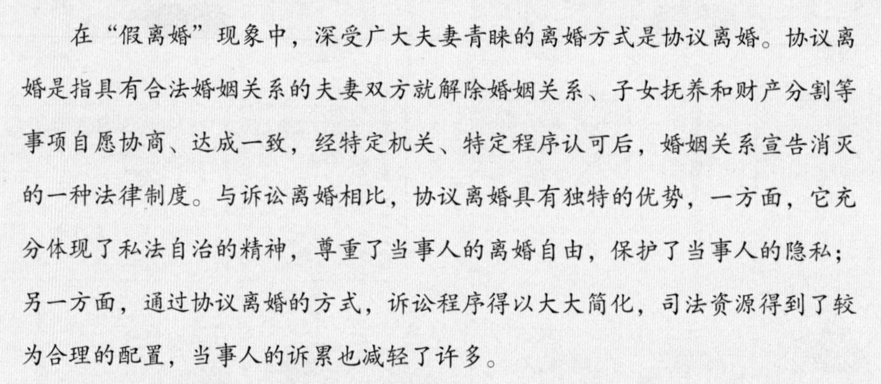

在“假离婚”现象中，深受广大夫妻青睐的离婚方式是协议离婚。协议离婚是指具有合法婚姻关系的夫妻双方就解除婚姻关系、子女抚养和财产分割等事项自愿协商、达成一致，经特定机关、特定程序认可后，婚姻关系宣告消灭的一种法律制度。与诉讼离婚相比，协议离婚具有独特的优势，一方面，它充分体现了私法自治的精神，尊重了当事人的离婚自由，保护了当事人的隐私；另一方面，通过协议离婚的方式，诉讼程序得以大大简化，司法资源得到了较为合理的配置，当事人的诉累也减轻了许多。

我国法律并未明确规定此种情况下的所谓“假离婚”是否有效，因此，司法实践对这一问题的认识并不统一。本案中，法院认为根据《中华人民共和国婚姻法》第三十一条“男女双方自愿离婚的，准予离婚。双方必须到婚姻登记机关申请离婚。婚姻登记机关查明双方确实是自愿并对子女和财产问题已有适当处理时，发给离婚证”的规定，办理离婚手续仅须男女双方自愿即可，无须

审查男女双方是否感情破裂，无须考虑男女双方办理离婚登记的理由。故张凡、王丽于2015年2月1日办理离婚登记，双方自该日起已解除夫妻关系。

法院接着对二人通过离婚规避限购政策一事发表了意见，认为若如王丽所述其办理离婚登记是为规避房地产限购政策，则离婚登记虽然规避了限购政策，但却同时产生了三套房产已实际归张凡所有，张凡可自由选择复婚或不复婚的风险。限购政策是国家为控制楼市而颁布，王丽和张凡选择以登记离婚的方式而规避，既与上述目的相悖，又存在前述风险。王丽既然愿意承担风险而选择办理离婚登记，则离婚后财产归张凡所有又无法复婚的后果则应由王丽自行承担。可见，法院对《中华人民共和国婚姻法》第三十一条中“自愿”的理解仅涉及离婚时的效果意思，不扩展到离婚目的和动机。

另一方面，婚姻登记机关也认为离婚的目的和动机不影响离婚的效力。2003年民政部办公厅在一封关于能否撤销一桩离婚登记问题复函中表示：“从你厅的请示和所附材料看，李某与张某办理离婚登记时，离婚意思表示明确，证件证明齐全，程序合法。当事人李某以假离婚、离婚的目的是逃避债务为由，请求宣布其解除婚姻关系无效，没有法律依据：（1）《中华人民共和国婚姻法》第三十一条规定‘男女双方自愿离婚的，准予离婚。双方必须到婚姻登记机关申请离婚。婚姻登记机关查明双方确实是自愿并对子女和财产已有适当处理时，发给离婚证’。”《中华人民共和国婚姻法》没有关于离婚目的的规定，也未规定离婚目的对离婚效力的影响。（2）《婚姻登记管理条例》第二十五条“申请婚姻登记的当事人弄虚作假、骗取婚姻登记的，婚姻登记管理机关应当撤销婚姻登记……对离婚的当事人宣布其解除婚姻关系无效并收回离婚证”是指申请人不符合婚姻登记的实质条件，通过弄虚作假，骗取登记的，婚姻登记机关应当撤销登记。而李某与张某是双方自愿离婚，并对子女抚养和财产处理达成一致意见（见双方的离婚协议书），不存在不符合离婚登记实质条件的情况，因此，婚姻登记机关不能撤销李某与张某的离婚登记。

法律基础常识和财产风险意识太少，没有足够引起对时机的重视

王丽和张凡拿到房产证后，在张凡出现人身意外风险之前，为什么没有第一时间去办理复婚呢？可能因为夫妻感情很好，也可能因为工作和生活的琐事很多，于是二人没有足够重视及时复婚这件事。而及时复婚关系着法律身份如何，以及是否拥有继承权。王丽与张凡二人之间也没有立下有效协议，张凡亦没有想到订立遗嘱之类。最后当张凡突遭横祸，王丽落得人房两空，明明自己也为曾经的共同财产花了金钱和心血，却丧失了继承权。

律师说"法"

谁是张凡的法定继承人？

我国《中华人民共和国继承法》第十条前两款规定，遗产按照下列顺序继承：第一顺序：配偶、子女、父母。第二顺序：兄弟姐妹、祖父母、外祖父母。继承开始后由第一顺序继承人继承，第二顺序继承人不继承。没有第一顺序继承人继承的，由第二顺序继承人继承。由此可见，配偶、子女、父母是第一顺序的继承人。

同时，我国《中华人民共和国继承法》第二条规定，继承从被继承人死亡时开始。

《中华人民共和国继承法》第五条规定，继承开始后，按照法定继承办理；有遗嘱的，按照遗嘱继承或者遗赠办理；有遗赠扶养协议的，按照协议办理。

本案中，张凡死亡时，没有留下任何遗嘱，只能按照法定继承办理。且张凡死亡时，还未与王丽复婚，所以王丽并非张凡的法定继承人。由于张凡和王丽之间并无子女，因此，张凡的法定继承人只有张凡的父母。

解决方案

张凡和王丽用"假离婚"来购房，虽然二人的感情通过了时间的考验，但却没有抵挡住意外风险的降临。大部分家庭会花很多精力去追求财富、增加财富，却不愿

意多花一点精力学习如何守护与经营自己辛苦赚取的财富。“假离婚”，是在特定政策环境之下，企图利用政策漏洞获利的做法。夫妻二人想要通过假离婚来实现资产增值，结果却事与愿违。那么，有没有更好的办法让二人在已有资产上稳妥地实现财富增值？如何利用法律和理财知识来给自己的财产上一道保护锁？

方案 1 公平分割的离婚协议 + 遗嘱 + 及时复婚 + 夫妻财产约定公证

适用于 → 已经办理“假离婚”购房的家庭。

首先，通过“假离婚”规避购房政策并不是一个解决投资渠道问题的好办法，而且随着“假离婚”规避购房政策的盛行，政策制定部门已经开始着手制定弥补漏洞的措施，例如离婚后需等待数年方可购房，或者按照较高的首付比例、利率按揭购房等。其次，实施“假离婚”规避购房政策者必须充分认识到离婚后不再复婚的风险，“假离婚”变成真离婚，全部房产归一方所有的风险，以及本案中出现的意外风险等。因此，由于多重风险存在不可控因素，不建议采取“假离婚”规避购房政策。

但是对于已经实施或正在实施“假离婚”规避购房政策者而言，箭在弦上不得不发，因此必须采取必要的措施以减少可能的风险。“夫妻感情风险”实难避免，亦无切实可行的规避措施，下面仅对财产风险提出以下措施供参考：

（1）为避免一方离婚后到复婚期间的意外风险导致财产损失，首先应认真对待《离婚协议书》，万不可未经仔细商讨草率签署，应请专业人士认真审查《离婚协议书》，特别是将全部房产归一方所有时，对另一方的资金补偿应公平合理，例如一方取得价值 300 万元的房产，则需给予另一方 150 万元的资金补偿，避免财产分割不公平。

（2）如果夫妻感情甚笃，担心一方发生意外后，另一方丧失遗产继承权，可通过设立遗嘱的形式覆盖此类风险敞口。

（3）离婚的目的实现后，应及时办理复婚登记手续。复婚后，各自名下财产将成为各自第二次婚姻的婚前个人财产，不再属于夫妻共同财产，因此要将各自婚前财产恢复到原来的共有状态，可通过订立《夫妻财产协议约定》，将第二次婚姻的婚前个人财产约定为夫妻共有财产。但是这种夫妻财产协议约定的实质是“夫妻间赠与”，依据现行法律及司法解释的规定，未经公证的赠与合同，在所赠房产办理产权过户登记前，赠与人享有任意撤销权，故而该《夫妻财产协议约定》应同时办理公证手续，避免赠与被撤销。

方案 2 利用保险来对抗家庭经济支柱成员可能遇到的不可抗力风险

适用于 → 家中主要经济来源与财富掌握在一方的家庭。

张凡和王丽为了增加家庭资产，用“假离婚”换来第四套房的购买资格。他们彼此相爱，感情美满，也自信不会有什么风险。却不知，人生有“三趟列车”：“意外号”“疾病号”和“自我了断号”。

张凡很遗憾搭乘“意外号”离开了，由于并没有及时做好法律风险的预先管理和财富安排的规划，带给爱人王丽的不仅仅是情感上的痛苦，还有财富上的巨大损失。

风险不能计算，更不能等待。及时建立“防火墙”，才是对家人最大的爱和保护。其实，已拥有的财富通过好好经营，不仅能抵御意外风险，还能带来更好的生活质量。

张凡与王丽的保障规划

保障类型	投保人	被保人	受益人	配置理由
重疾险	张凡	王丽	张凡50%、王丽父母各25%	规避因重疾风险来临带来家庭原有储蓄的损失。通常重疾的保障是年收入的5倍
	张凡	张凡	王丽50%、张凡父母各25%	
定期寿险（到60岁）	张凡	张凡	王丽50%、张凡父母各25%	当发生人身风险时，定期寿险用最小的成本，可以帮助家人获得一笔经济上的资助
	王丽	王丽	张凡50%、王丽父母各25%	
意外险	王丽	王丽	张凡50%、王丽父母各25%	以年收入的10倍作为自己规划意外险的保额，将风险转嫁给保险公司。张凡和王丽可以为自己规划300万元的意外险，覆盖航空、火车、轮船、公共交通、营运车辆，以及驾乘私家车等交通意外、自然灾害、普通意外，以及意外导致的手术或是门诊，都能得到理赔
	张凡	张凡	王丽50%、张凡父母各25%	
重疾险	张凡	张凡父母	张凡100%	为父母规划防癌险和医疗险，配置最基本的医疗保障。并且增加豁免。当子女发生风险时，父母仍然能得到必要的关怀
年金险	张凡	王丽	张凡50%王丽父母各25%	放在张凡名下的房产用抵押贷款方式，质押出400万元资金，用趸交的方式为王丽购买一张年金类保单

本节案例
所涉及的法律依据及相关解释

法·律·规·定·及·司·法·解·释

1 协议离婚的流程

《中华人民共和国婚姻法》

●第三十一条：男女双方自愿离婚的，准予离婚。双方必须到婚姻登记机关申请离婚。婚姻登记机关查明双方确实是自愿并对子女和财产问题已有适当处理时，发给离婚证。

2 法定继承的顺序

《中华人民共和国继承法》

●第十条：遗产按照下列顺序继承：

第一顺序：配偶、子女、父母。

第二顺序：兄弟姐妹、祖父母、外祖父母。

继承开始后，由第一顺序继承人继承，第二顺序继承人不继承。没有第一顺序继承人继承的，由第二顺序继承人继承。

本法所说的子女，包括婚生子女、非婚生子女、养子女和有扶养关系的继子女。

本法所说的父母，包括生父母、养父母和有扶养关系的继父母。

本法所说的兄弟姐妹，包括同父母的兄弟姐妹、同父异母或者同母异父的兄弟姐妹、养兄弟姐妹、有扶养关系的继兄弟姐妹。

本节关键词

法律关键词　协议离婚　继承法　婚姻法

理财关键词　教育金　现金资产　重疾险　养老金

本节案例
所涉及的法律依据及相关解释

大·数·据·说

近年来，全国各地纷纷出台房地产限购政策。然而市场的反应却往往与政策目标背道而驰。从心理学的角度看，道理其实很简单：一样东西你越限制购买，越证明它有购买价值，其吸引力就越大——否则，为何要限购呢？换言之，限购政策实际上恰恰增强了房产表面上的稀缺性，刺激了人们的抢购欲望，使得他们更加趋之若鹜，甚至不惜以“假离婚”等有违社会伦理的手段来钻政策的空子。

2013 年 2 月 20 日国务院正式出台房地产新政“国五条”。然而，政策一出台，社会上便掀起了一阵猛烈的“假离婚”风潮。北京、上海、南京、武汉、广州等很多城市的离婚数据在很短的时间内大幅上涨。据统计，北京市 2013 年前三个季度离婚率暴增 42%。仅 2013 年 3 月 5 日至 9 日，天津离婚夫妻就达 1189 对，比上一周增加 481 对。武汉市民政局民政局一位工作人员曾表示，新“国五条”刚刚出台的那几天，民政局门口来申请协议离婚的人便排起了长队，民政局为了应对这一突发情况只能增加工作窗口。

但我们必须注意到，“假离婚”后，并非所有当事人都实现了通过离婚规避限购政策的目的。近年来，通过“假离婚”规避政策而最终人房两空的报道已屡见不鲜。2014 年 2 月 14 日，《城市商报》报道称，苏州民政部门统计数据显示，2014 年以来，共 15156 对夫妇办理协议离婚，同比增加约 2500 对。而 2013 年同期复婚人数为 2032 对，2014 年的数据为 2824 对，增加了不到 800 对，复婚率仅 30% 左右。复婚率如此之低，有一部分可能是由于房产证还未拿到手，但是更大一部分可能是夫妻一方拒绝复婚，假戏真做了。

通过张凡和王丽一案的分析，我们不难发现，通过离婚来规避限购政策的行为，除了将面临夫妻一方达成投资目的后拒绝复婚的风险，还将面临一方在离婚后意外死亡致使另一方无法继承遗产的风险。因此，正确认识这些风险，并提前防范这些风险，具有重要的现实意义。用更理智、更周到的方法理财，才能实现财富的稳健增值。

案例

3-2

牵一发而动全身的资本市场离婚风波

——创始人股东如何防范因婚姻危机给公司发展带来的风险？

案例重现

（本案例中的名字均为化名，如有雷同，纯属巧合）

1980年出生的皇甫风，大学毕业后出国留学。在英国和美国经历了十年的留学、工作生涯后，皇甫风回到中国，于2006年5月创立了某社交网络，注册资本和实收资本为1000万元，其中皇甫风出资额为400万元，占40%。

2008年7月皇甫风与某电台主持人凌裳在新加坡登记结婚。但仅在两年之后的2010年8月，皇甫风向某市基层人民法院提起诉讼，要求离婚，但被法院驳回。半年后，皇甫风再次起诉。

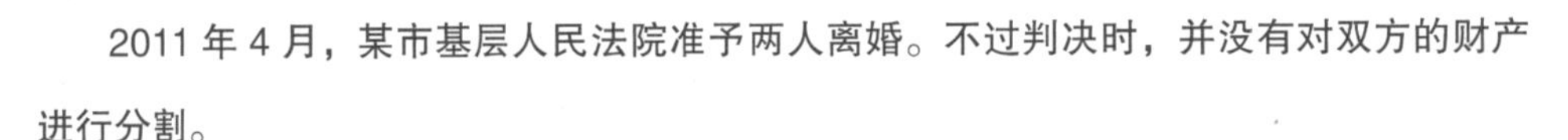

2011年4月，某市基层人民法院准予两人离婚。不过判决时，并没有对双方的财产进行分割。

二人离婚之前，皇甫风创立的社交网络公司已经完成A轮融资，共计1500万美元。就在二人离婚后的半年内，该社交网络公司再次完成一轮融资，这轮融资总额为3000万美元。2012年3月，该社交网络公司向S国证券交易委员会提交了上市申请，计划筹资1亿美元，皇甫风持该社交网络公司40%股权。

然而，就在该社交网络公司申请上市的过程中，皇甫风的前妻凌裳向某市基层人民法院提起离婚后财产纠纷诉讼，要求分割皇甫风名下社交网络公司32%的股权，诉讼标的为320万元。凌裳同时申请对该社交网络公司32%的股权进行财产保全，保全标的为320万元。法院对该社交网络公司的股权进行财产保全，直接导致了该社交网络公司上市被推迟。后来，经法院调解，凌裳与皇甫风最终调解结案。

在皇甫风解决了离婚纠纷后，该社交网络公司因上市被推迟，市场的热点较之以前发生了重大变化，该社交网络公司已不再是市场的宠儿，导致上市后股价跌破发行价。

针对类似案件，投行诞生了一个新名词“土豆条款”，其内容大体意思是，VC/PE在投资前，应对被投资创业者的婚姻状况进行评析，看是否存在婚姻变动对公司IPO影响的风险，而后再在SA(股东协议)中增加相应的内容。甚至有的VC在微博上提出“限制被投资人离婚”“离婚须经董事会同意”的条款。

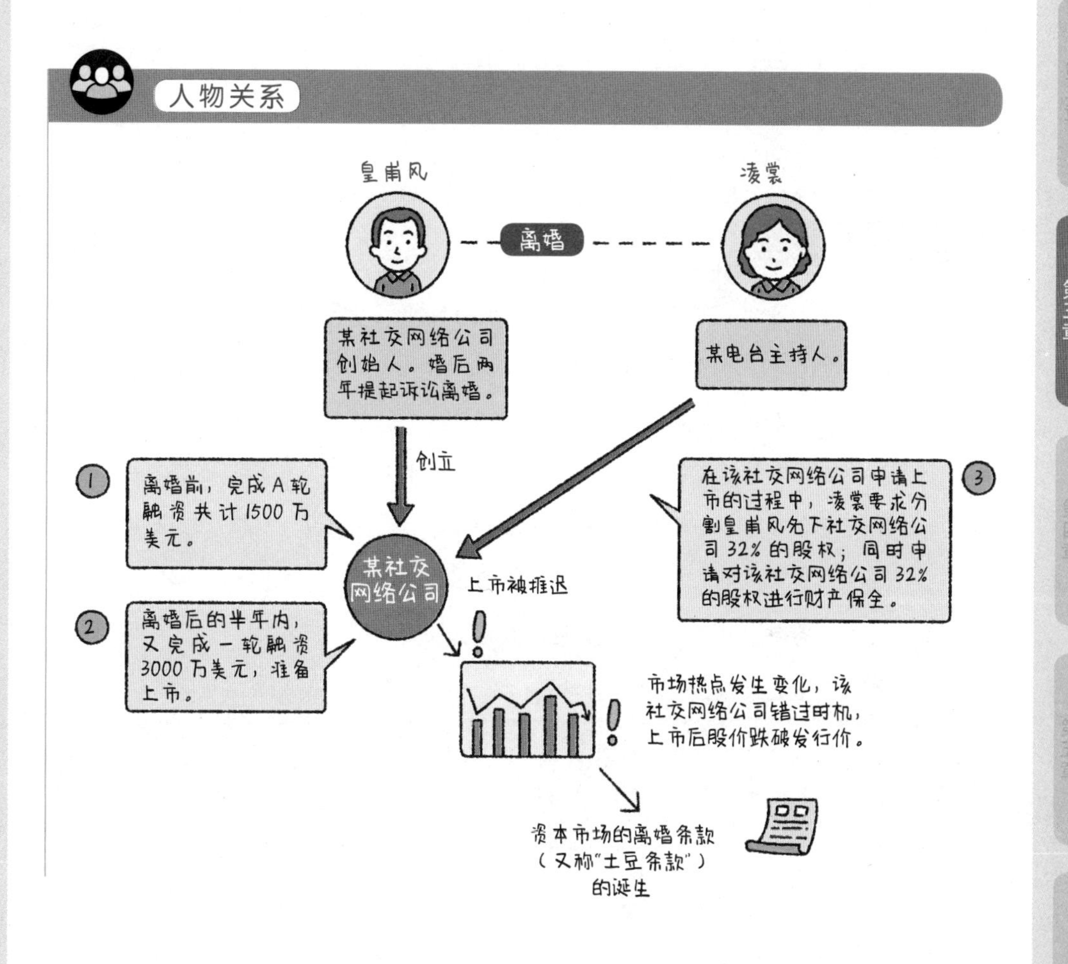

本案风险点

家庭资产与企业资产无边界混淆，而离婚是不定时炸弹

一个家庭如果遇到离婚，最大的争议往往在财产的分割。既然谈到财产分割，就不可避免地需要讨论一个问题，即夫妻两个人各自拥有的，不管是房产还是企业资产还是其他，包括现金类资产，或者珠宝古董汽车类动产……各种形态的资产到底哪一些属于夫妻共同财产？

律师说“法”

本案中，某市基层人民法院对皇甫风持有的某社交网络公司40%的股份进行财产保全直接导致了该社交网络公司上市的搁置。因此，本案的首要问题就是皇甫风持有的某社交网络公司的股权的性质，即是否为夫妻共同财产或者有多少是夫妻共同财产。在此基础上，再讨论创始人股东离婚给公司上市带来的风险和可能的防范措施。

皇甫风持有的某社交网络公司股权是否为夫妻共同财产？

皇甫风与凌裳于2008年7月结婚，直到2011年4月人民法院判决离婚，二人的婚姻共持续了两年半。某社交网络公司成立于2006年5月。因此，某社交网络公司成立于皇甫风与凌裳结婚之前。

查阅某社交网络公司成立以来的工商登记变更，可以发现从2006年5月成立以来，该公司的注册资本发生过多次变动。皇甫风结婚之前，某社交网络公司的注册资本和实收资本均为1000万元。其中，皇甫风出资额为400万元，占40%。二人离婚前的最后一次增资使某社交网络公司的注册资本和实收资本均达到了5000万元。其中，皇甫风出资额为2000万元，仍然占40%。根据注册资本计算出皇甫风婚姻存续期间持有的该社交网络公司的股份的价值从400

万元增加到了2000万元。而（2000－400）/5000=32%。这一部分股权正好是法院认为的涉及夫妻共同财产的部分。可见，凌裳一方采取的并被法院认可的算法应该和上文展示的相同。

皇甫风持有某社交网络公司的股份价值上升是婚姻存续期间的数次增资行为导致的。故有必要进一步分析这几次增资行为的来龙去脉。首先需要确认的恐怕是皇甫风增资的资金是哪里来的。根据某社交网络公司提交的招股说明书，在2006年5月份后，皇甫风增资的资金均来自于借款。

依本案处理时生效的《中华人民共和国婚姻法司法解释（二）》第二十四条规定："债权人就婚姻关系存续期间夫妻一方以个人名义所负债务主张权利的，应当按夫妻共同债务处理。但夫妻一方能够证明债权人与债务人明确约定为个人债务，或者能够证明属于婚姻法第十九条第三款规定情形的除外。"本案中，婚姻存续期间，皇甫风以个人名义借款，且不存在《中华人民共和国婚姻法》第十九条第3款的情形，也无资料显示借款合同中明确约定为个人债务，故应将此债务认定为夫妻共同债务。这一系列用于增资的借款既已认定为夫妻共同债务，这笔借款增资后导致的股份价值的上升自然应属于夫妻共同财产。

退一步讲，依据2018年1月18日公布的《关于审理涉及夫妻债务纠纷案件适用法律有关问题的解释》，认为皇甫风借款合同未经夫妻共同签字，并无夫妻共同借贷的合意，不属于夫妻共同借款，借款所得资金亦非夫妻共有。但根据《中华人民共和国婚姻法司法解释（三）》第五条的规定："夫妻一方个人财产在婚后产生的收益，除孳息和自然增值外，应认定为夫妻共同财产。"对于皇甫风相应股份于婚后所产生的增值，属于皇甫风或其管理团队经营公司的所得，不属于自然增值，应当属于婚后夫妻共同财产。

综上，笔者认为，本案中认定皇甫风在婚姻存续期间，增资或经营使得股份价值增加的部分属于夫妻共同财产。

解决方案

在上市公司或拟上市公司大股东离婚纠纷中，对公司的战略、经营经常产生重大的影响，例如公司控制权、决策投票权、董事会改选等。在这个案例中，因离婚诉讼对夫妻共同财产进行查封，影响了公司的上市进程，最终导致公司、股东遭受巨大的损失。为尽量减少遭受此类损失，上市公司或拟上市公司大股东应做好应对安排措施。

幸福和稳定的夫妻感情自然是最好的风险防范措施。然而，对于夫妻双方而言，谁也无法保证两人之间的感情能够天长地久。对于投资人和其他股东等利益相关人而言，更是无法将公司的未来寄托于自己无法控制的他人的情感状况上。因此，采取措施防范创始人股东离婚给公司发展带来的风险是必要的。需要注意的是，规避这样的风险并不是要损害夫妻中某一方的利益。防范风险应该采取合法的措施，也应合乎情理。其目的是保证公司的运行不受创始人股东婚姻危机的影响。这种影响不仅仅是对创始人股东个人财富的影响，也是对整个公司以及其他利益相关人的影响。

方案 1
签订《中华人民共和国夫妻财产协议》+改变公司股权架构

适用于 → 上市 / 拟上市公司境内大股东。

为解决上市 / 拟上市公司大股东婚变对上市公司的影响，最根本的办法就是把上市公司剔除出夫妻共同财产的范畴，为此夫妻双方可以签订《夫妻财产协议约定》并对该协议进行公证，就双方在公司的财产份额作出约定。这些协议可以约定婚前财产的范围，婚后采取何种财产制，也可以对某些特定财产的归属作出约定。在风险投资进入公司或者上市前，股东与配偶、公司、其他股东还应该签署相关协议，以保障公司及其他利益相关人的权益。此等协议的谈判自然不可能只顾及一方利益。例如，如果规定夫妻一方对某公司的股权及收益不享有任何权利，那么自然会通过其他方面的财产分配进行平衡。否则，夫妻双方无法就协议达成一致。故财产协议的理想状态是在保障夫妻双方利益的同时，也有利于公司的经营与发展。

但是由于《夫妻财产协议约定》并不具有对外公示效力，且其本身效力仍需经人民法院最终审查确定，故仍不能避免配偶一方提起离婚诉讼后申请财产保全措施。

因此，为避免上市 / 拟上市公司股份（股权）遭受查封、冻结措施，应对公司股权架构进行调整，例如大股东另设立一公司收购其自身所持上市 / 拟上市公司股份（股权），使得上市 / 拟上市公司股东变更为该新设公司（该公司仍为大股东持有）。鉴于法人独立主体地位，起诉离婚一方自然无法查封、冻结上市 / 拟上市公司股份，只能查封该新设公司股权。由此，自然避免对上市 / 拟上市公司的影响。

当然，如果大股东存在涉外因素，如外籍、外国登记结婚、经常居住地在国外、在外国离婚等，则将产生适用法问题。此时，登记在一方名下财产是否为夫妻共同财产，一方名下财产离婚是否分割等一系列问题也会出现。

方案 2 通过保险帮助家庭隔离企业资产

适用于 → 家庭成员中有一方是企业主或者创业者的家庭。

一个家庭里的资产形态是非常丰富的，没有哪一种金融工具能解决所有资产的问题，所以一个完整专业的家庭资产管理方案应该是利用多种手段，灵活搭配，综合运用来实现资产管理的目标。

曲终人散，物是人非。一桩婚姻可能成就人生最宝贵的回忆，成为人生最重要的资产；也可能是一笔巨额的负债。尤其是企业创始人，他们既要担负家庭责任，还需担负企业责任和社会责任。每一个变化，或闪失，或风险，都将带来非常深远的影响。

文中这起资本市场的离婚案，起因是婚姻的风险，最终带来的还有企业上市进程受阻、间接导致企业上市后股价跌破发行价的结果。显然，这其中涉及婚前财产、婚内资产的规划，也涉及双方对财富管理、专属资产的沟通和筹划。

那么，是否可以借助保险，来帮助皇甫风完成一部分资产的保全呢？

由于企业创始人的特殊性，在建立小家之际，就要充分规划好资产的安排。保险拥有专属性、稳定性以及长期性，可以帮助家庭各个成员建立专属资产。同时，无论婚前还是婚后，可以书面约定双方的财产（包括企业股权分配）归属。

皇甫风的保障规划

保障类型	投保人	被保人	受益人	保障配置说明
年金险	皇甫风 父母	皇甫风 父母	皇甫风100%	婚前将自己的现金储蓄，通过配置年金险的方式，趸交，这样可以将皇甫风在婚前的现金用保险的功能隔离起来。生存受益人为父母，这样父母每个月/年有固定的生存金可领取，解决他们高品质的养老生活需求。而身故受益人为皇甫风，这笔资金不受债务和婚姻影响，完整得以保全
年金险	皇甫风	凌裳	皇甫风50% 凌裳父母50%	婚后皇甫风将家庭收入的20%左右，以及企业分红的一部分资产，为凌裳购买年金险，采用5年交

本节案例
所涉及的法律依据及相关解释

法·律·规·定·及·司·法·解·释

夫妻共同债务的认定

《最高人民法院关于适用〈中华人民共和国婚姻法〉若干问题的解释（二）》

● 第二十四条：债权人就婚姻关系存续期间夫妻一方以个人名义所负债务主张权利的，应当按夫妻共同债务处理。但夫妻一方能够证明债权人与债务人明确约定为个人债务，或者能够证明属于婚姻法第十九条第三款规定情形的除外。【注：该条内容已经被2018年1月18日施行的《最高人民法院关于审理涉及夫妻债务纠纷案件适用法律有关问题的解释》所修改。】

● 第二十八条：夫妻一方申请对配偶的个人财产或者夫妻共同财产采取保全措施的，人民法院可以在采取保全措施可能造成损失的范围内，根据实际情况，确定合理的财产担保数额。

《最高人民法院关于审理涉及夫妻债务纠纷案件适用法律有关问题的解释》

● 第一条：夫妻双方共同签字或者夫妻一方事后追认等共同意思表示所负的债务，应当认定为夫妻共同债务。

● 第二条：夫妻一方在婚姻关系存续期间以个人名义为家庭日常生活需要所负的债务，债权人以属于夫妻共同债务为由主张权利的，人民法院应予支持。

● 第三条：夫妻一方在婚姻关系存续期间以个人名义超出家庭日常生活需要所负的债务，债权人以属于夫妻共同债务为由主张权利的，人民法院不予支持，但债权人能够证明该债务用于夫妻共同生活、共同生产经营或者基于夫妻双方共同意思表示的除外。

本节案例
所涉及的法律依据及相关解释

大·数·据·说

近年来，我国一些拟上市企业在筹划上市过程中，因大股东的家庭纠纷导致上市受到负面影响的事件时有发生，这些事件虽然未对公司上市造成影响，但是也对公司的股权结构造成了影响，进而影响了公司的内部治理。因此，家族内部的稳定，特别是婚姻关系的稳定，对企业的发展有着不可估量的作用。然而，在现今的中国，家庭面临的问题和危机越来越多，幸福美满的婚姻和稳定的夫妻关系变得越来越难得。根据 2016 年 7 月 11 日民政部公布的《2015 年社会服务发展统计公报》，2015 年共有 384.1 万对夫妇依法办理离婚手续，比上年增长 5.6%。更有媒体报道，从 2002 年开始，我国的离婚率就一路走高。2002 年，我国的粗离婚率仅有 0.9‰，2003 年达到 1.05‰，到 2010 年突破 2‰。而 2015 年的粗离婚率已经达到了 2.8‰，是 2002 年的 3 倍多。[1]

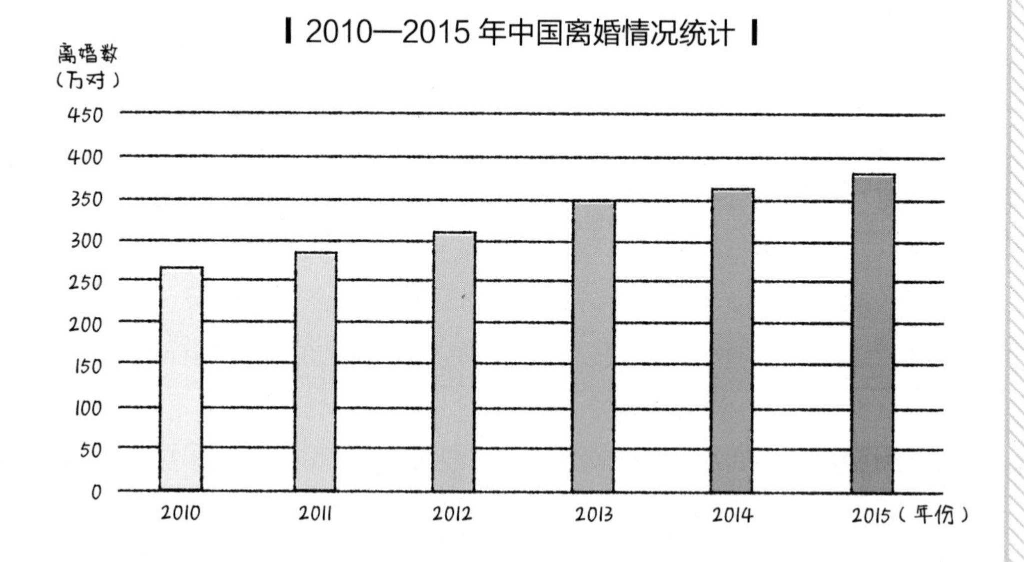

Notes
注释

[1] 参见 http://www.chinanews.com/sh/2016/07-12/7935495.shtml。

通过本案例，我们不难发现，即便对于夫妻双方，离婚导致的后果不仅仅是财产的分割，还可能导致双方总财产的减少或者总财产增值机会的丧失。更进一步，创始人股东离婚可能会对公司的其他利益相关者带来损失，如投资人、其他股东、债权人、公司职工等。因此，防范创始人股东离婚带来的风险，不仅对于创始人股东及其配偶有重要意义，对于公司和其他的利益相关人甚至整个社会都有重要意义。

本节关键词

法律关键词　夫妻共同财产　夫妻共同债务　婚姻法及相关司法解释

理财关键词　现金资产　年金险　家企混同

案例

3-3

网红的人生幸福吗?

——如何避免经济收入单一、离婚后还背负未知债务的风险?

案例重现

（本案例中的名字均为化名，如有雷同，纯属巧合）

凯哥是一个典型的宅男，虽然拥有名牌大学的金融学硕士学位，但由于不善言辞而无人赏识，屈就于深圳的一家小公司。凯哥来自普通工薪家庭，念书花掉了家中积蓄。父母只盼着儿子能出人头地，跟着享享清福。

可凭凯哥现在的工作，能养活自己已经不容易了。该如何是好呢?

凯哥对父母深感内疚。他鼓起勇气向总经理提出升职加薪的要求，认为自己工作三年了，薪酬却没怎么加过，隔壁组的孙超晚来半年都升职加薪了……可是总经理打断他说，孙超做得了管理又接得到客户，而凯哥除了写个金融行业的分析，啥也不会。

凯哥听完这番话恨不得找个地缝钻进去。其实自己除了话较少，上头交代的工作从来没有出过错，自己写的金融业动态分析也受到了客户的好评，并且还为公司带来了不少客户。凯哥想折回去问个明白，却在总经理办公室门外听到了经理和孙超的对话，原来孙超是经理的侄子，为了帮侄子升职，经理把凯哥的功劳都记在了孙超头上。是可忍，孰不可忍，凯哥决定报复。

如果单纯向上级反映，肯定会被经理压下来。压抑了很久的凯哥，自导自演录了个视频，不仅把自己这三年的工作成果融汇其中，还绘声绘色地模仿了公司内部高管做过的勾当。视频一出，广大网友对他的演绎大为赞赏。一时间，凯哥竟成了微博上的网红。

凯哥虽然丢了工作，却因祸得福收获了一大批粉丝。有一家经纪公司甚至主动邀请凯哥成为其旗下的艺人。双方签约后，经纪公司对凯哥进行了包装，同时四处搜刮一些社会上的黑幕，让凯哥通过视频展现出来。起初，粉丝效应带给经纪公司和凯哥丰厚的利润，凯哥有了收入以后，连续买了好几套房子，同时和一名倾慕自己的女粉丝小洁结了婚。

但是不久后，大家对凯哥这种单一的、愤世嫉俗的视频失去了热情，点击率开始急剧下降，广告商极度不满要求解约及赔偿。经纪公司则单方面解除了与凯哥的合同。而由于凯哥的视频内容多以批判他人为主，所以接二连三地被起诉侮辱、诽谤，赔了一大笔钱。

凯哥内心承受着巨大的压力，往日的人气恢复不了了，身体也变差了。小洁看这情形，便要求协议离婚，约定婚内财产 400 万元中的 80% 全归自己，债务全由凯哥承担。小洁哭着说，自己辞去工作在家照顾老人，青春都给了凯哥，如果不多分财产自己以后的日子不知该怎么过。关于债务，小洁说自己在外没有债务，现在所有的债务都是凯哥自己欠下的，如果凯哥不愿签这份协议，自己唯有一死求个安慰。凯哥觉得自己确有亏欠小洁，便签了这份协议。

办好离婚手续后不久，凯哥却收到一条催债信息：你妻子上月所借贷款 300 万元已到期，限你 1 周内还清，否则要你一条腿！这可把凯哥吓坏了，他从没想过乖巧的小洁竟瞒着自己在外借了高利贷，自己只分得财产 80 万元，且有 50 万元债务需要偿还，怎么还得起这高利贷啊。凯哥找到小洁要求重新分割财产和债务，小洁只丢下一句话，协议已签，债务自负！

几经协商无果，凯哥起诉至法院，诉讼请求为：（1）撤销双方签订的《离婚协议书》；（2）请求法院重新分割夫妻共同财产合计 400 万元人民币，即其中 200 万元归自己所有；（3）夫妻存续期间的共同债务 360 万元由双方共同承担。

法院认为：离婚协议系夫妻双方离婚时签订的调整夫妻双方财产关系和身份关系的协议，该协议的签订应当本着双方意思表示真实，且协议内容符合法律规定的要求。本案中，小洁在和凯哥签订协议时，故意隐瞒债务，使凯哥作出不真实的意思表示，因此凯哥主张撤销离婚协议于法有据，凯哥关于重新分割夫妻共同财产及共同承担夫妻债务的请求应当予以支持。

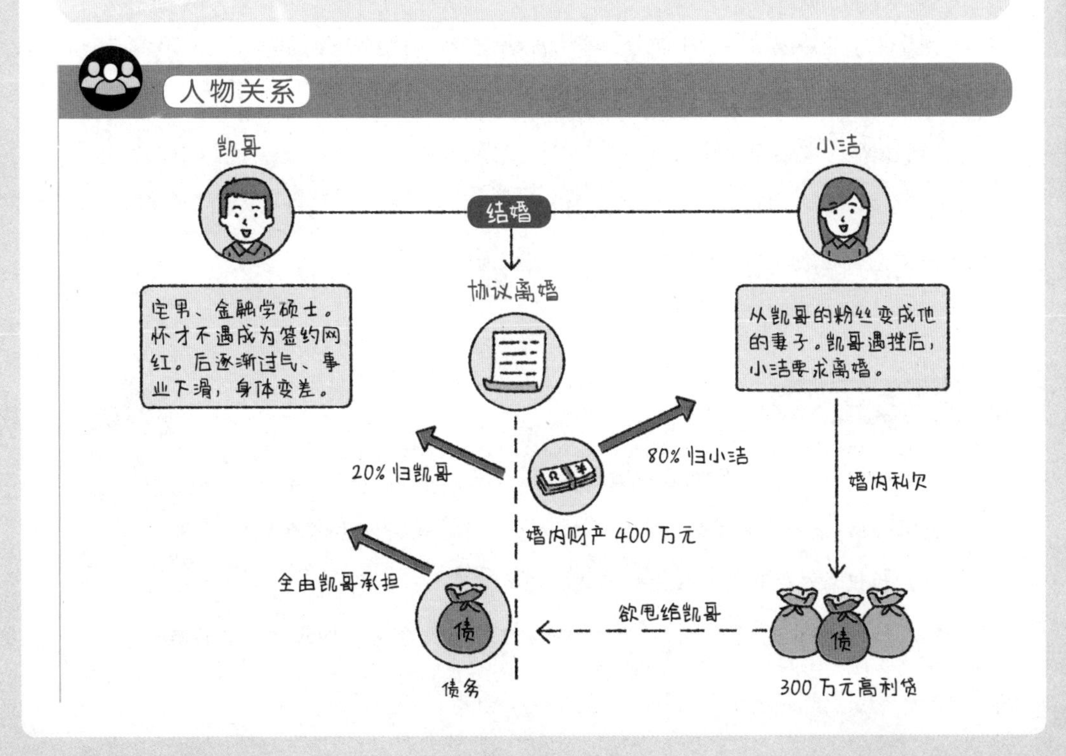

本案风险点

家庭收入结构非持续稳定

一个家庭的收入规律和夫妻双方所从事的行业、工作性质息息相关。本案中，网红的职业性质决定了其收入会呈现极大的波动。由俭入奢易，由奢入俭难，如果不好好提升自己的能力，将收入管道从单一模式逐步拓展出更多可能性，那么一旦遇到失业等风险，就会让自己陷入非常被动的局面。

在家庭收入高峰期配置多套房产，投资方式太单一，理财系统太脆弱，禁不起风险

房产是最近这10年每个家庭资产保值增值最主要的类型之一，但是并不代表一个家庭所有的钱，都只有投资房产这一种选择。本案中凯哥在自己成为网红，业务如火如荼、收入蒸蒸日上的阶段，却只选择了购买多套房产，完全没有对他和小洁的家庭资产做一个合理的规划安排，导致家庭财务结构非常的不稳定。

未知的债务风险

凯哥与小洁协议离婚，小洁分得了大部分财产，将债务留给了凯哥，甚至将自己隐瞒对方借的高利贷也一并推给了凯哥。

一般情况下离婚协议经双方签署并办理离婚登记手续后，就已经发生法律效力。但因本案中的离婚协议存在欺诈等违背真实意思的表示，而凯哥也及时向法院提出请求变更或者撤销财产分割协议，于是原协议得以推翻。

律师说"法"

根据我国《中华人民共和国婚姻法》的规定，男女双方可以通过协议或诉讼的方式离婚，本案中凯哥和小洁就是通过协议的方式离婚。协议离婚通常需要双方对结束婚姻关系、子女抚养、财产分割、债务分担等事宜达成一致，并通过书面的形式固定下来，即我们常说的离婚协

议书。在实践中，双方签订的离婚协议在民政局备案并领取离婚证后，婚姻关系即已解除，离婚协议也随之生效，一方不配合执行协议上的内容，另一方可以请求法院强制执行。本案中，凯哥和小洁已经办妥了离婚，一般而言，他们签订的离婚协议已经生效，对双方具有约束力。但是，如果凯哥知道小洁对外举债300万元，定然不会同意由自己承担所有的债务且仅得共同财产的20%份额，并签署离婚协议。那么，此种情况下的离婚协议有效吗？可以撤销吗？

离婚协议的撤销

离婚协议是合同中的一种，根据《中华人民共和国合同法》第五十四条，一方以欺诈、胁迫的手段或者乘人之危，使对方在违背真实意思的情况下订立的合同，受损害方有权请求人民法院撤销。同时，根据《最高人民法院关于适用〈中华人民共和国婚姻法〉若干问题的解释（二）》第九条规定，男女双方协议离婚一年内就财产分割问题反悔，可以起诉至法院请求变更或撤销财产分割协议的，如法院未发现订立分割协议存在欺诈、胁迫等情形的，应当依法驳回当事人的诉讼请求。如果确实存在欺诈、胁迫等情形的，法院应当根据当事人的请求予以撤销。但撤销权是形成权的一种，权利的行使受到1年除斥期间的约束，即当事人需在知道或者应当知道撤销事由之日起1年内行使撤销权。本案中，小洁故意隐瞒自己的债务，让凯哥签订离婚协议的行为属于欺诈行为，凯哥作为受损害的一方，可以在知道或者应当知道小洁欺诈之日起1年内（从收到催债短信之日起算），请求法院撤销离婚协议关于财产分割和债务承担的约定（部分撤销）。

离婚协议撤销后的法律效果

离婚协议部分撤销后，该撤销部分自此没有法律效力。所以凯哥可以就财产分割和债务承担与小洁重新协商做出分配，协商不成，凯哥可以请求法院对夫妻的共同财产和债务作出判决。虽然小洁有欺骗行为，但谎称没有债务不等于隐藏、转移、变卖、毁损夫妻共同财产，或伪造债务企图侵占另一方财产的行为，因此对小洁不会轻易适用少分或不分的原则。

那么，双方的债务应该如何承担呢?

首先凯哥的债务和小洁的债务均在夫妻关系存续期间产生，虽然凯哥所负债务并不符合《最高人民法院关于审理涉及夫妻债务纠纷案件适用法律有关问题的解释》所规定的“共债共签”原则，但是债务明显是因为工作、生产经营原因产生，且其工作、生产经营所得用于添置家庭财产，属于典型的共同债务。其次，小洁的债务应依据《最高人民法院关于审理涉及夫妻债务纠纷案件适用法律有关问题的解释》的规定，审查其借款额度、用途，以确定是否属于夫妻共同债务。若小洁每笔借款数额较小，且用于其自身日常开支消费，则较大概率会被认定为夫妻共同债务。

债务责任分清后，需要确定对债务的偿还方式。婚姻法规定，离婚时，夫妻共同债务，应由夫妻双方共同偿还，财产分割前共同财产不足清偿的，或财产分割后归各自所有的，由双方协议清偿；协议不成时，由人民法院判决。根据案情，两人的负债合计350万元，而夫妻共同财产有400万元，足够清偿债务，但由于两人签署协议后对财产进行了分割，需要双方就清偿比例及方式作出约定。显然，本案中小洁不愿意清偿，所以凯哥只能通过法院判决的方式让小洁承担相应的清偿责任了。但上述所说的共同偿还并非是对债务按平分原则承担，法院在对债务的处理上，通常会结合双方离婚时的财产分割情况、经济状况，以及子女的抚养负担等作出一定的调整。

解决方案

防患于未然的成本，远低于亡羊补牢。如果给凯哥一个时光机，倒回到他的辉煌时刻，在专业律师和理财顾问的帮助下，采取以下措施，则不会让自己像现在这般被动。

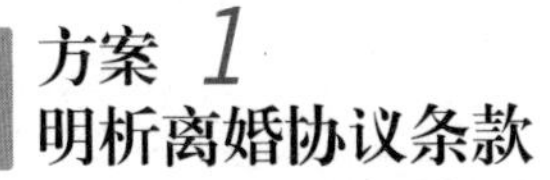

方案 1 明析离婚协议条款

注意：短期巨额负债难以被认定为夫妻共同债务，长期多笔小额债务难以有效防范。

适用于 → 避免一方恶意欺诈侵占财产。

本案例中，凯哥得以撤销离婚协议关于夫妻共同财产分割的内容，在于法院有效认定小洁存在恶意隐瞒债务，欺骗凯哥签署离婚协议。实践中，经常出现夫妻一方隐瞒夫妻共同财产或夫妻共同债务，以达到侵占另一方财产之目的，而且双方在《离婚协议书》的约定又非常简单概括，例如“各自名下财产归各自所有，各自所负债务由各自承担”，导致事后发生纠纷时，因缺乏有力证据证明一方存在欺诈、胁迫，所以撤销离婚协议变得非常困难，根本原因在于取证困难。

为此，建议离婚双方应在《离婚协议书》中，列明双方的共同财产、共同债务，并在此基础上进行分割，并加上类似“双方确认在婚姻关系存续期间除上述列明之财产与债务外，各自或双方名下均无其他财产或债务；本离婚协议以前述夫妻共同财产和债务为基础进行分割，若一方故意隐瞒、转移夫妻共同财产或债务，骗取他方签署本离婚协议，受害方可依法申请撤销本离婚协议关于财产分割债务分担部分的内容”条款。

本案是典型的夫妻一方被负债情形，依据《中华人民共和国婚姻法司法解释(二)》第二十四条的规定，婚姻存续期间所借债务被推定为夫妻共同债务，目前该条司法解释已经被 2018 年 1 月 18 日实施的《关于审理涉及夫妻债务纠纷案件适用法律有关问题的解释》予以修改，根据该解释的规定，以下几种情形可以认定为夫妻共同债务：①夫妻双方共同作出负债意思表示所形成的债务，例如共同在债务文书上签字，或者一方在债务形成后予以追认。②一方为家庭日常生活需要所负的债务。③金额超出家庭日常生活所需要，但债权人能证明用于夫妻共同生活、共同生产经营的债务。

结合本案情况，如果小洁所借款项是短期内巨额借款，该借款又未用于家庭生活，一般难以认定为夫妻共同债务，故凯哥无须承担还款责任。如小洁是在较长的婚姻期内，向不同债权人数笔小额借款累积形成，当单个债权人就单笔借款向夫妻双方主张的时候，较大概率被认定为“一方为家庭日常生活需要所负的债务”，应由原夫妻双方共同承担偿还责任。这种基于夫妻共同生活的信任、基于日常生活家事代理范围内的情形所产生的负债，在实务中确实缺乏有效办法予以防范。

方案 2 利用保险抵御风险，丰富投资营收结构

适用于 → 经济收入与投资方式单一的家庭 / 收入结构单一、高低起伏大，家庭资产中房产占比例较大的家庭。

从凯哥的案例里，我们不仅可以看出离婚协议的效力问题，还能看出过气网红的惨淡人生。网红作为一种新兴的经济形态，捧红了很多平凡人，带给了他们大量的财富，同时也摧毁了许多平凡人的生活。有时，网红成功的成本很低，可能租个房搞个直播间就能轻轻松松月入过万元甚至十万元。但随着社交网络平台的不断繁荣，以及网红的迭代更新，单一的形式已经满足不了大众的需求，很多网红也开始投入大量的资金包装自己。然而，在这个变化无穷、流量为王的时代，网红的发展前景却让人看不清，猜不透。也许今天的高收入，就是明天的高风险。就像凯哥一样，成也网红，败也网红。如果凯哥的风险意识强一些，提前考虑到自己这份职业的风险性，可以通过选择一些特殊的保险产品来保障自己以后的生活，而不至于因诉讼和过气而陷入困顿。

人从一出生到老，一直都在消费；可是我们挣钱的时间有限，就在这短短的几十年中，有两件事情无法预料：一是意外；二是疾病。因为疾病和意外随时有可能不期而至，当它们突然来临时，我们所有的美好期望都会化为泡影。

面对风险，财务支持是根本。需要未雨绸缪，提前准备一笔充足的应急金，以备重疾和意外风险的发生。另外，老年高龄也算是一种特殊风险，必须要提前储备养老金。只有如此，才能不受婚姻等风险的影响，不至于让生活陷入“困顿”状态。

尽管凯哥曾经是红极一时的“网红”，但这种“爆红”式的财富积累方式，很容易让凯哥拥有过度自信的错觉，对财富的管理和分配机制，也自然缺乏长效的规划意识。当事业进入低谷时期，又会开始极度焦虑，不知道下一个爆红的机会在哪里。

凯哥的财务风险主要是集中在三个方面：

一是与经纪公司签订合同时，与小洁离婚时，相关的文书，没有请法律顾问加以审核，留下了债务（巨额赔偿）的漏洞。

二是由于受工作模式的影响，“网红”加班是常事，这对健康又是一大“杀手”。

三是收入的不确定性，难以形成可持续的、稳定的职业性收入。

然而，正因为年轻，凯哥对这些风险并不关注。

其实凯哥只要通过配置年金险、重疾险，就可以提前进行预先规划，避免这些债务和资金缺口的产生。

规划重疾保障计划不只是得到高品质的医疗，更重要的是收入损失补充。建议重疾保额至少是年收入的 5 倍。特别像凯哥，收入的不确定性是他最大的风险，一旦发生重疾，不仅仅是需要考虑医疗费用，还有收入的下降甚至收入为零的风险。

凯哥的保障规划

保障类型	投保人	被保人	受益人	保障配置说明
重疾险	凯哥	凯哥	凯哥父母50% 小洁50%	规避因重疾风险来临带来家庭原有储蓄的损失。通常重疾的保障是年收入的5倍
	凯哥	小洁	凯哥50% 小洁父母50%	
定期寿险（到60岁）	凯哥	凯哥	小洁50%、 凯哥父母50%	当发生人身风险时，定期寿险用最小的成本，可以帮助家人获得一笔经济上的资助
	凯哥	小洁	凯哥50%、 小洁父母50%	
意外险	凯哥	凯哥	小洁100%	以年收入的10倍规划意外险，将风险转嫁给保险公司。比如航空意外保障1000万元，其他交通工具意外保障500万元等。意外险覆盖航空、火车、轮船、公共交通、营运车辆以及驾乘私家车等交通意外、自然灾害、普通意外，以及意外导致的手术或是门诊，都能得到理赔
	凯哥	小洁	凯哥100%	
重疾险	凯哥	凯哥父母	凯哥100%	为父母规划防癌险和医疗险，配置最基本的医疗保障。并且增加豁免。当子女发生风险时，父母仍然能得到必要的关怀
年金险	凯哥父母	凯哥父母	凯哥100%	凯哥在婚前所挣得的财富，除了购置财富以外，可以留一部分现金，投保人与被保人均为父母，通过配置年金险+万能账户的方式，在结婚之前交完保费，这样就可以将自己在婚前的现金用保险的功能隔离起来。生存受益人为父母，这样父母每个月/年有固定的生存金可领取，解决他们高品质的养老生活需求。而身故受益人为凯哥，这笔资金不受债务和婚姻影响，完整得以保全
年金险	凯哥	小洁	凯哥100%	婚后，将年收入的15%，为妻子（小洁）规划养老金，这也是一个小家庭非常重要的一笔资产，可以用于养老金的规划。这张保单的管理权属于凯哥，保单产生的生存金的使用权归妻子小洁。即使婚姻发生变化，凯哥对这张保单的现金价值也可以获得一定比例的分割

本节案例
所涉及的法律依据及相关解释

法·律·规·定·及·司·法·解·释

1 夫妻财产关系

《中华人民共和国婚姻法》

● 第十九条：夫妻可以约定婚姻关系存续期间所得的财产以及婚前财产归各自所有、共同所有或部分各自所有、部分共同所有。约定应当采用书面形式。没有约定或约定不明确的，适用本法第十七条、第十八条的规定。

夫妻对婚姻关系存续期间所得的财产以及婚前财产的约定，对双方具有约束力。

夫妻对婚姻关系存续期间所得的财产约定归各自所有的，夫或妻一方对外所负的债务，第三人知道该约定的，以夫或妻一方所有的财产清偿。

2 关于协议离婚后对财产分割问题反悔

《最高人民法院关于适用〈中华人民共和国婚姻法〉若干问题的解释（二）》

● 第九条：男女双方协议离婚一年内就财产分割问题反悔，请求变更或撤销财产分割协议的，人民法院应当受理，人民法院审理后，未发现订立分割协议存在欺诈、胁迫等情形的，应当依法驳回当事人的诉讼请求。

3 关于共同债务与个人债务的认定

《最高人民法院关于适用〈中华人民共和国婚姻法〉若干问题的解释（二）》

● 第二十四条：债权人就婚姻关系存续期间夫妻一方以个人名义所负债务主张权利的，应当按夫妻共同债务处理。但夫妻一方能够证明债权人与债务人明确约定为个人债务，或者能够证明属于婚姻法第十九条第三款规定情形的除外。

本节关键词

法律关键词　婚姻法　离婚协议　夫妻共同债务　个人债务

理财关键词　重疾险　年金险　意外险　定期寿险

本节案例
所涉及的法律依据及相关解释

大·数·据·说

关于撤销离婚协议纠纷的民事案件，全国范围内共有 819 件，其中关于财产分割问题纠纷的有 386 起，上述案件中凡是能举出证据证明一方有欺诈、胁迫等情形的，几乎都得到了确认撤销离婚协议的判决，但仅以离婚协议关于财产分割的约定显失公平为由主张撤销协议重新分配夫妻共同财产的（132 件），基本得不到法院的支持，因为夫妻双方共同生活过一段时间，或育有子女，在订立共同财产分割协议时，除了纯粹的利益考虑外，常常会难以避免地包含一些感情因素。所以，离婚协议中一方放弃主要或大部分财产的约定不能当然地认定为“显失公平”而予以撤销或变更。

另外，夫妻共同债务的处理是离婚案件的高发问题，仅 2017 年上半年，全国范围内就有超过 800 起关于夫妻共同债务处理的离婚纠纷案件。有部分案件中，一方主张的夫妻共同债务并非真实存在的债务，而是该方为了变相多分夫妻共同财产而伪造出来的债务，如伪造借条、制造公司亏损欠债等，对于此类型的债务，部分法院以涉及第三人权益为由不予处理，要求当事人另行起诉解决，有部分法院通过审查证据的真伪后作出不予认可债务存在的判决，也有部分法院支持系夫妻共同债务，判决由双方共同偿还。总之，实务中没有统一的处理，需要当事人提高法律意识，可以通过夫妻间协议约定一方对外举债须有对方签名，否则另一方不承担债务清偿责任。但是，此类协议仅对夫妻内部有效，对外没有约束力，除非该债权人知悉此约定。

Chapter

第 4 章

遗嘱继承筹划

案例
4-1

富商意外身故引发继承纠纷

——如何更好地规划财产以避免突发人身意外之后仍产生遗嘱继承的纠纷？

案例重现

（本案例中的名字均为化名，如有雷同，纯属巧合）

某市中级人民法院开庭审理遗产继承纠纷系列案，公公刘辉天与儿媳妇舒贞颖不惜撕破脸面对簿公堂。

原本和睦的家人为何会反目成仇？随后，儿子的前妻赵曦秀以及情妇梅悦萍也轮番登场就遗产继承事宜展开拉锯战，事情怎会发展到如此难以收拾的地步？

刘昭明2002年与前妻赵曦秀离异后，于2003年与第二任妻子舒贞颖登记结婚，婚后于2004年生下女儿刘暄琳，在妻子舒贞颖的协助之下刘昭明的事业蒸蒸日上，家庭财富也急剧增长。

2014年7月暑假期间，刘昭明带着妻女前往加勒比海旅游度假，舒贞颖因身体不适在酒店休息，于是刘昭明独自携带爱女乘游艇出海。然后游玩后返航途中，游艇不幸突遭风暴袭击而倾覆沉入海中，刘昭明及女儿刘暄琳皆落入茫茫大海之中……海难发生后，经海事救援人员的全力搜救，女儿刘暄琳的遗体被搜救人员找到，海难事发地市政府于当月签发了刘暄琳的死亡公报，确认刘暄琳死亡，但刘昭明却一直下落不明，直至2014年9月，刘昭明的遗骸才于距离事发海域几十公里外的一个海岛岸滩上被发现，海难事发地市政府于9月出具刘昭明的死亡证，证实刘昭明确已死亡。

刘昭明的母亲早年去世，父亲刘辉天依然健在。根据刘昭明生前所立遗嘱，刘昭明的遗产由妻子舒贞颖、女儿刘暄琳、父亲刘辉天三人按份继承。舒贞颖认为刘昭明先于女儿死亡，女儿可以依遗嘱继承刘昭明遗产的1/3，而因女儿死亡，其继承遗产的权利转由其母亲舒贞颖继承，据此，舒贞颖可以继承刘昭明遗产的2/3。公公刘辉天听闻拒不认可，主张应认定刘昭明后于刘暄琳死亡，因为海难事发地市政府于7月份签发了刘暄琳的死亡公报，确认刘暄琳死亡，直到9月份才出具证实刘昭明死亡的死亡证。故认定在这同一起事故中刘暄琳后于刘昭明死亡是不合理的，儿媳舒贞颖也不应据此多分遗产份额。

与此同时，刘昭明的前妻赵曦秀代表未成年儿子刘尧嘉向人民法院提起继承权纠纷诉讼，主张根据我国《中华人民共和国继承法》的相关规定，遗嘱应当对缺乏劳动能力又没有生活来源的继承人保留必要的份额，刘昭明所立遗嘱未对未成年儿子刘尧嘉保留必要份额，显然违背了这一强制性规定，故该份遗嘱应属无效，要求按照法定继承顺序分配刘昭明名下的全部遗产。

正当舒贞颖与刘辉天及赵曦秀之间关于遗产继承争得头破血流之际，一位年轻貌美的女性梅悦萍带着未成年孩子刘秋胜找到了舒贞颖，称其为刘昭明的情妇，刘秋胜为刘昭明的亲生儿子，并出示了一份刘昭明的自书遗嘱，其上写明刘昭明去世后名下所有资产均由刘秋胜所有，遗嘱的签字日期为2011年4月1日，并有刘昭明的签名。舒贞颖不认可刘秋胜为刘昭明的孩子，同时也认为刘昭明不可能会立下这样一份遗嘱。梅悦萍代其孩子要求分得刘昭明遗产的诉求被舒贞颖拒之后，随即向人民法院提起诉讼，请求法院按照刘昭明生前所立自书遗嘱判令刘秋胜继承刘昭明名下全部财产。

经历丧夫丧女之痛的舒贞颖实在无力应付纷至沓来的法院诉讼传票，唯有将这一系列遗产继承纠纷事宜托付给专业律师，在律师的帮助下有条不紊地推进各项诉讼事宜。

关于公公刘辉天的诉讼请求，因没有直接证据可以确定刘昭明与刘暄琳的死亡先后时间，根据我国法律及司法解释的相关规定，推定父亲刘昭明先于女儿死亡，女儿刘暄琳继承其父亲遗产份额的权利转由母亲舒贞颖继承。

关于前妻赵曦秀的诉讼请求，律师查询到刘昭明在与赵曦秀离婚时，离婚协议约定一次性支付了未成年孩子刘尧嘉的全部抚养费，使得赵曦秀的儿子刘尧嘉不属于《中华人民共和国继承法》所规定的“缺乏劳动能力又没有生活来源的继承人”。刘昭明所立遗嘱没有违反我国法律的强制性规定，赵曦秀的孩子刘尧嘉无权要求按照法定继承顺序分割遗产。

虽然根据梅悦萍提供的刘昭明生前与刘秋胜一起做过的DNA检测报告，证实刘秋胜为刘昭明的亲生儿子。但是，律师同时查找到一份关键证据，即2011年3月31日，刘昭明因在北京应酬饮酒过度，4月1日当天在协和医院处于酒精中毒昏迷状态，不可能在当日立下这样一份遗嘱。且经对遗嘱上刘昭明的签字进行笔迹司法鉴定发现，遗嘱上的签名并非刘昭明本人签署，故梅悦萍所持遗嘱不具有法律效力。

但因刘秋胜属于继承法所规定“缺乏劳动能力又没有生活来源的继承人”，刘昭明生前所立遗嘱未为刘秋胜保留必要份额，该遗嘱部分内容无效。遗产处理时，应当为刘秋胜留下必要的遗产，所剩余的部分，才可参照刘昭明遗嘱确定的分配原则处理。

人物关系

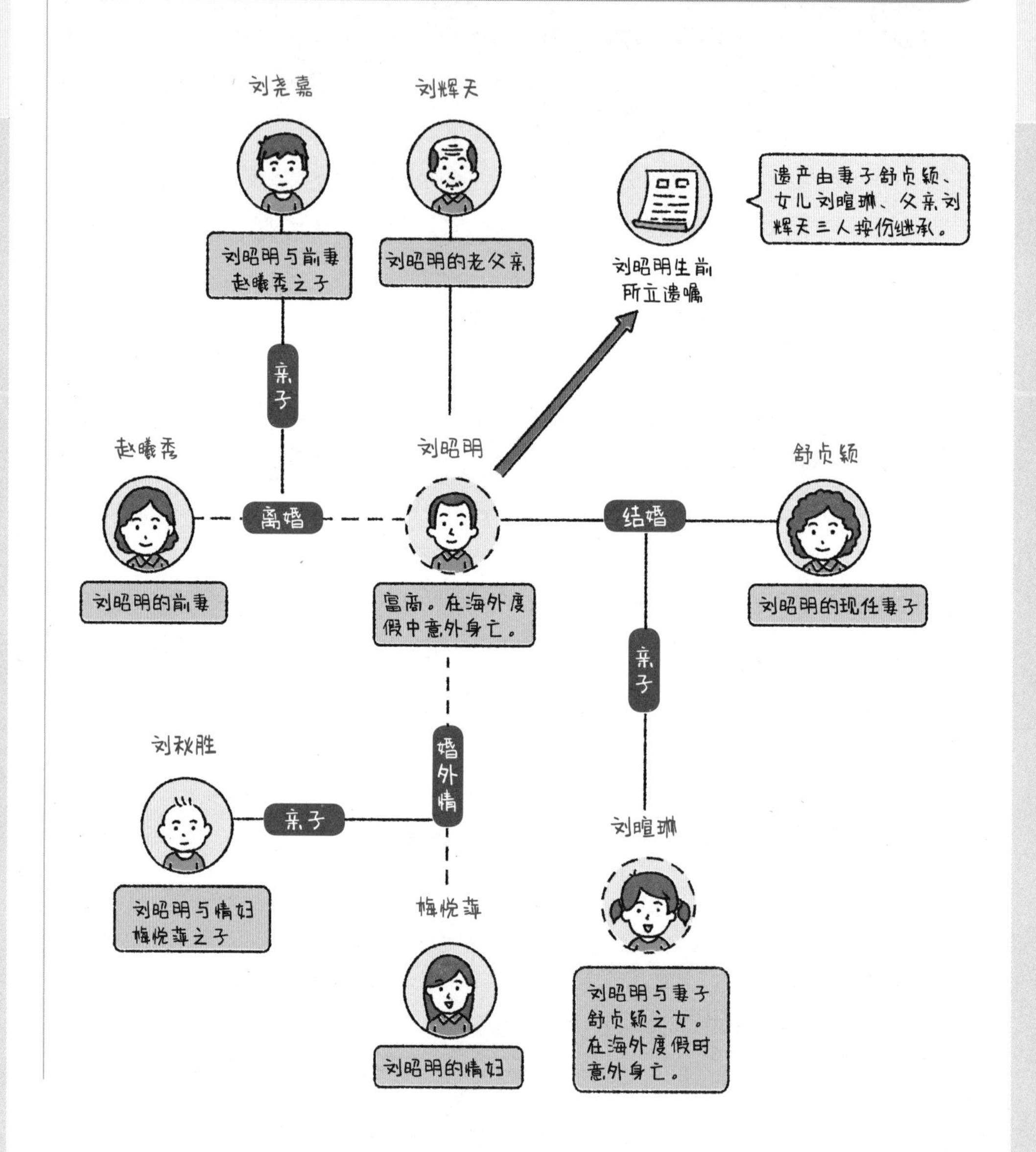

刘尧嘉
刘昭明与前妻赵曦秀之子
刘辉天
刘昭明的老父亲
刘昭明生前所立遗嘱
遗产由妻子舒贞颖、女儿刘暄琳、父亲刘辉天三人按份继承。
亲子
赵曦秀
刘昭明的前妻
离婚
刘昭明
富商。在海外度假中意外身亡。
结婚
舒贞颖
刘昭明的现任妻子
亲子
婚外情
刘秋胜
亲子
刘昭明与情妇梅悦萍之子
梅悦萍
刘昭明的情妇
刘暄琳
刘昭明与妻子舒贞颖之女。在海外度假时意外身亡。

本案风险点

突发意外风险，富商的各个孩子纷纷出现，各监护人难免为了财产而大打出手

本案中的主人公刘昭明先后一共有三个孩子，其中一个为非婚生子女。按照我们国家相关法律规定，非婚生子女与婚生子女享受同等权利，因此作为非婚生子女的刘秋胜可以同样继承爸爸的遗产。孩子们的各监护人，自然难免为了自身利益而争夺财产。孩子是无辜的，每个孩子都是平等的，而成年人之间的道德是非、爱恨情仇与患得患失必然会带来伤害与战争。

律师说“法”

遗嘱效力

遗嘱是否生效对于遗产的争夺结果有着决定性的影响。根据《中华人民共和国继承法》关于遗嘱的规定，首先，遗嘱人在立遗嘱时必须神志清醒，具备完全的民事行为能力；其次，遗嘱内容必须是遗嘱人的真实意思表示，不存在受胁迫、欺骗设立遗嘱的情形。再次，遗嘱本身必须属于《中华人民共和国继承法》所规定的五种遗嘱形式之一，否则遗嘱因形式要件不符合法律规定而无效。最后，《中华人民共和国继承法》规定，立有数份遗嘱，内容相抵触的，以最后的遗嘱为准；自书、代书、录音、口头遗嘱，不得撤销、变更公证遗嘱。此外，在我国的司法实践之中，违反公序良俗的遗嘱即使满足上述全部条件，也很可能被法院认定为无效。

关于死亡时间的认定

如果海难事发地市政府签发的死亡公报载明刘暄琳在7月份死亡，而出具的死亡证载明刘昭明9月死亡的话，如果死亡公报死亡证经海难事发地公证机构公证，并经公证机构所在国和我国驻该国使领馆进行外交认证，刘辉天的诉求应当会得到法院支持。如果海难事发地市政府签发的死亡公报和死亡证均只

载明刘暄琳、刘昭明在本次海难事故中丧生的话，根据我国法律及相关司法解释的规定，法院会认定刘昭明与刘暄琳于同一事故中死亡，进而推定女儿刘暄琳后于父亲刘昭明死亡。

在相互有继承关系的人在同一场事故中死亡时，如何认定被继承人的死亡顺序对继承结果有着重大影响。若按照刘辉天的主张，因刘昭明的遗骸发现时间远远晚于刘暄琳的遗体发现时间，如果认定刘昭明晚于其女儿刘暄琳死亡，则遗嘱生效时，刘暄琳的民事权利能力已经丧失，不存在享有遗嘱权益的问题，因此遗嘱受益人仅为儿媳舒贞颖、公公刘辉天，在这种情况下公公刘辉天可以多分遗产。其次，女儿刘暄琳不存在直系后代，因而不存在代位继承问题，即使刘暄琳存在直系后代，因代位继承是规定在《中华人民共和国继承法》的法定继承篇，也不适用于遗嘱继承。在本案中，不能仅凭死亡公报是 7 月份出具，而死亡证是 9 月份出具，就此断定刘昭明与刘暄琳的死亡时间，而应该依死亡公报死亡证所载明的死亡时间而定。目前死亡公报和死亡证均只载明刘昭明与刘暄琳在 7 月份的那场海难事故中死亡。因刘昭明与刘暄琳皆有继承人，且没有直接证据可以确定两者的死亡先后时间，则推定父亲刘昭明先于女儿死亡，女儿刘暄琳应继承其父亲的遗产份额因转继承由其母亲舒贞颖继承，在这种情形下，舒贞颖可以多分遗产。

刘昭明在世时，有能力表达财产的安排与传承心愿，却没有用法律或者金融工具明确地让心愿落到实处

因为明天和意外，永远不知道究竟哪个会先来，于是才会有考虑周到的人，趁自己平安健康时提前为后事做好安排；而不是临到头没机会了，导致一家人不得不为了各自利益而撕破脸面的局面。

刘昭明提前立下了遗嘱，可以说是比较周到的了。但意外情况却是复杂的，于是出现了公公刘辉天和儿媳舒贞颖的财产之争。而刘昭明的前妻与情妇也都带着孩子出现，使得情况更加复杂。如果刘昭明生前能够利用理财手段中的保险工具来辅助自己的心愿，就能使自己的家人和骨肉的利益得到更明确的保障，将心愿落到实处而避免后来一系列的财产纠纷。

解决方案

针对本案中的情况，我们可以通过以下方案来减少纠纷：

方案 1
综合利用遗嘱、信托稳定财富传承关系

适用于 → 一般家庭均可参考。

王国维在《殷周制度论》中分析：“……盖天下之大利莫如定，其大害莫如争。任天者定，任人者争；定之以天，争乃不生。故天子诸侯之传世也，继统法之立子与立嫡也，后世用人之以资格也，皆任天而不参以人，所以求定而息争也……”遗嘱在财富传承中就起到了“定”的作用，因此设立一份有效、条款严密的遗嘱是减少继承纠纷的关键。

为保障合法继承人的权益，避免遗漏合法继承人，建议立遗嘱人在遗嘱中专门单列一条款，详述立遗嘱人经历的几段婚姻，各段婚姻内生育子女情况，以及非婚生子女情况（非婚生子女应同时配有相关 DNA 亲子鉴定报告予以证明），父母亲状况，将所有合法继承人的信息予以囊括。

为避免出现本案例中立遗嘱人与继承人同时死亡时，难以确定各自死亡时间，建议立遗嘱人在遗嘱中写明“本遗嘱的受益人必须至少比我多存活 45 天，才能获得我的遗产。遗嘱中的‘比我存活更久’是指在我去世后的第 45 天，自然人仍在世或机构仍存续”。同时，为增强遗嘱的公信力，建议立遗嘱人对遗嘱进行公证。

另外，即便设立遗嘱也可能会有继承人挑战遗嘱效力，并诉诸法院查封遗产，导致有效继承人无法顺利取得遗产，甚至生活困难，因此需要在遗嘱之外配合设立保险、信托。如果在人寿保险合同中指定受益人的，该人寿保险赔偿金不属于被保险人的

遗产，该部分资产将按照保险合同的约定直接交付受益人，无须纳入遗产继承程序；当信托依法成立后，信托财产不再属于委托人的个人财产，委托人去世后，信托财产自然不属于遗产，且信托不因委托人的死亡、丧失民事行为能力而终止。依法存续的信托，受托人得依信托文件向信托受益人交付相关信托权益。

方案 2 利用金融工具的法律属性，实现家庭资产传承的确定性

适用于 → 有一定财富积累，希望将家庭所有资产明确指定受益人的家庭。

很多时候，人们在创造财富的阶段会考虑到家庭责任，例如想要为家庭创造更好的物质条件等。人在世，挣到钱给谁花，花在哪些地方，自己是有主动权的，是可以控制的，所以人们有了财富安排与传承的心愿。但是疾病与突发的人身意外，却是不可预测的，一旦人离世了，就没有办法开口说出自己的想法了。而通过合适的金融工具和法律工具，就可以在即使当事人离世之后，也能准确无误地实现其对家庭财富传承的想法。

从资产的属性来看，我们一般会将资产分为：不确定性资产、确定性资产。

其中不确定性资产包括企业、股权、期权、房产，等等；它们会因市场风险、政策风险、人身风险等不确定因素，在资产的保值和传承上出现棘手的问题。而确定性资产就是指人寿保险，我们也将其称之为“法律性资产”，它是真正私人化且具有生命力的资产。

对于刘昭明来说，这样的资产应该准备多少？如何安排？这取决于他对家族和事业发展的规划。

我们的资产分两大类

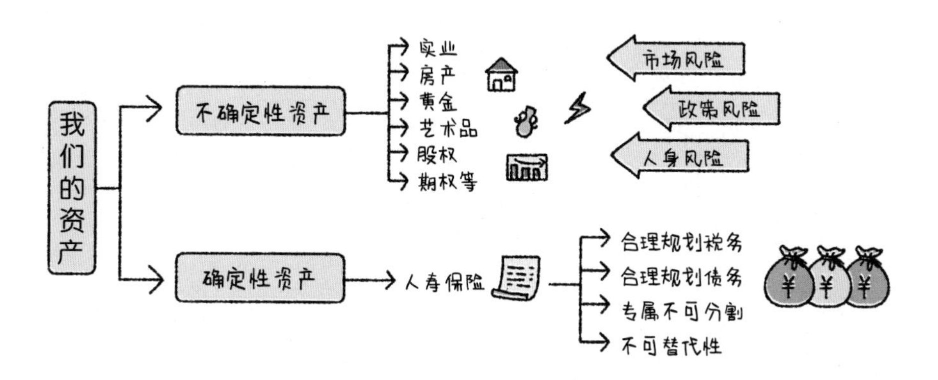

很多情况下降低风险意味着增加成本。因此许多企业主以及管理者，看到控制风险会影响成本预算，才迟迟不愿采取措施提前应对资产配置的风险和人身风险。

其实这几年，“天价”保单正在走进人们的视野和生活中。越来越多的企业家开始青睐巨额保单，为什么呢？从刘昭明的遗产纠纷中不难看出，如果没有做出妥善且完备的财富规划，一旦发生突发性的人身风险导致复杂的继承情况，那么企业家所留下的资产，很难按照自己的心愿来进行安排。

从保险的法律属性和功能来看，它对于企业家，具有独特的优势：

（1）隔离功能——与家庭其他财产隔离开来，不因企业债务受牵连；

（2）信托功能——赔偿金有多种领取方式，避免一次性挥霍；

（3）借贷功能——保单贷款，可缓解企业现金流问题；

（4）约定功能——可以就夫妻财产之间进行财产约定；

（5）保障功能——在保单贷款期间持续享受保单约定的权益；

（6）避债功能——指定受益人的，其保险金不作为被保人的遗产清偿债务。

从生命资产以及资产保全的角度来分析本案，刘昭明可以重点做出以下保险规划：

刘昭明的保险方案

保障类型	投保人	被保人	受益人	保障配置说明
重疾险	刘昭明	刘昭明	刘暄琳50% 刘辉天30% 刘尧嘉20%	规避因重疾风险来临带来家庭原有储蓄的损失。通常重疾的保障是年收入的5倍
寿险	刘昭明	刘昭明	刘暄琳50% 舒贞颖50%	当发生人身风险时，寿险用最小的成本，可以帮助家人获得一笔经济上的资助。同时，寿险是一笔免税资产，它是财富保全和传承的标配金融工具。随着税收政策的不断完善，如何用免税资产来保全财富，对于中产家庭、企业家以及高净值人士而言，就显得尤为重要和迫切
医疗险（全球医疗）	刘昭明	刘昭明	本人	可以为自己规划全球医疗险，在全球顶尖医疗机构、私人医院、最贵医院获得高品质的医疗救治，每年报销的额度可以高达800万元
意外险	刘昭明	刘昭明	刘暄琳30% 舒贞颖50% 刘辉天20%	为自己规划1000万元以上的意外险保障，覆盖普通意外险，覆盖航空、火车、轮船、公共交通、营运车辆以及驾乘私家车等交通意外、自然灾害、普通意外，以及意外导致的手术或是门诊，都能得到理赔
年金险（教育金）	刘昭明	刘暄琳	舒贞颖100%	帮女儿（刘暄琳）规划一份专属教育金，并增加豁免功能，既可以满足孩子得到高品质的教育金，同时也是一笔传承给孩子的现金资产
年金险（教育金）	刘昭明	刘尧嘉	赵曦秀100%	刘昭明尽管已经与前妻离婚，但对儿子（刘尧嘉）有抚养的义务和责任，因此，需要规划一份专属教育金

本节关键词

法律关键词　继承法　非婚生子女　遗嘱效力　死亡时间认定

理财关键词　信托　确定性资产　不确定性资产

本节案例
所涉及的法律依据及相关解释

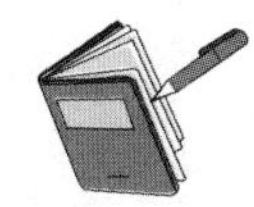

法·律·规·定·及·司·法·解·释

1 遗嘱的形式要求与相关内容约定

《中华人民共和国继承法》

● 第十七条：公证遗嘱由遗嘱人经公证机关办理。自书遗嘱由遗嘱人亲笔书写，签名，注明年、月、日。代书遗嘱应当有两个以上见证人在场见证，由其中一人代书，注明年、月、日，并由代书人、其他见证人和遗嘱人签名。以录音形式立的遗嘱，应当有两个以上见证人在场见证。遗嘱人在危急情况下，可以立口头遗嘱。口头遗嘱应当有两个以上见证人在场见证。危急情况解除后，遗嘱人能够用书面或者录音形式立遗嘱的，所立的口头遗嘱无效。

● 第十九条：遗嘱应当对缺乏劳动能力又没有生活来源的继承人保留必要的遗产份额。

● 第二十二条：无行为能力人或者限制行为能力人所立的遗嘱无效。遗嘱必须表示遗嘱人的真实意思，受胁迫、欺骗所立的遗嘱无效。伪造的遗嘱无效。遗嘱被篡改的，篡改的内容无效。

2 死亡时间与继承关系的推定，以及遗产分配的约定

《最高人民法院关于贯彻执行〈中华人民共和国继承法〉若干问题的意见》

● 第二条：相互有继承关系的几个人在同一事件中死亡，如不能确定死亡先后时间的，推定没有继承人的人先死亡。死亡人各自都有继承人的，如几个死亡人辈分不同，推定长辈先死亡；几个死亡人辈分相同，推定同时死亡，彼此不发生继承，由他们各自的继承人分别继承。

● 第三十七条：遗嘱人未保留缺乏劳动能力又没有生活来源的继承人的遗产份额，遗产处理时，应当为该继承人留下必要的遗产，所剩余的部分，才可参照遗嘱确定的分配原则处理。继承人是否缺乏劳动能力又没有生活来源，应按遗嘱生效时该继承人的具体情况确定。

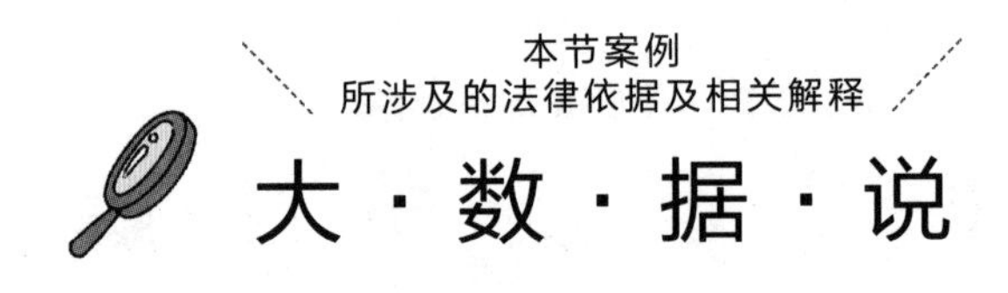

在聚法案例库中检索“继承纠纷”，共检索到138122篇裁判文书，通过分析这些继承纠纷的案由发现：案由为“法定继承纠纷”的法院裁判文书有39237篇，占检索结果的28.41%，而案由为“遗嘱继承纠纷”的法院裁判文书有9199篇，仅占检索结果的6.66%。

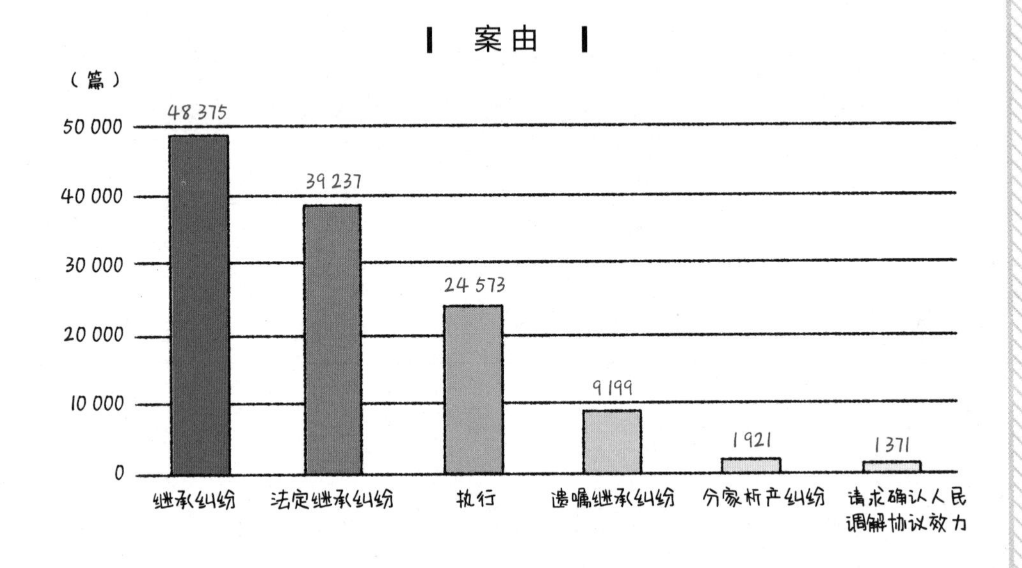

法定继承纠纷数量明显多于遗嘱继承纠纷，由此可见，遗嘱在防范家庭成员争夺家产上确实具有重大的积极作用。

在聚法案例库中检索“案由：遗嘱继承纠纷”，共检索到8860篇裁判文书，在结果中继续检索“本院认为：遗嘱无效”，共检索到604篇裁判文书，法院判决遗嘱无效的案例也为数不少，一旦遗嘱被法院认定无效，则将对继承结果产生巨大的影响。

案例
4-2

姑姑说我不是爸爸的女儿

——如何维护和实现自己的法定继承权？

2

案例重现

（本案例中的名字均为化名，如有雷同，纯属巧合）

闫晓雪今年20岁，正在上大学。一个周末她回家，妈妈陈岚没有像往常一样来开门。晓雪自己开门后，震惊地发现妈妈倒在沙发上，口吐白沫，而客厅一股刺鼻的农药味。晓雪赶紧拨打了120。

还好妈妈被抢救过来了。可妈妈为什么自杀呢？

原来，都是奶奶家逼的。奶奶有着极度重男轻女的观念，因为晓雪是女孩，婆媳关系极差。晓雪15岁那年，爸爸闫峰有了婚外情，奶奶竟然领着第三者李晓杰找上门来，让妈妈让位，理由是李晓杰肚子里的孩子是男孩儿。

妈妈与爸爸还是离婚了。但李晓杰和闫峰却没结婚。因为李晓杰后来因意外摔了一跤导致流产，奶奶认为李晓杰的肚子里没孩子了，用奶奶的话说："一定要看到男孩儿再结婚。"离婚后，妈妈和当初追求自己的同学赵景明再婚，赵景明给了晓雪满满的父爱。

没想到，奶奶三天两头在爸爸耳朵边说："我看你那个晓雪绝不是我们闫家的人，对你跟路人似的，人家都说她像赵景明。"爸爸禁不住奶奶的念叨，竟然起诉陈岚，称自己不是晓雪的生物学父亲，要求陈岚赔偿抚养费，并申请法院同意与晓雪做亲子鉴定。陈岚实在受不了这个侮辱，一气之下喝了农药。

爸爸的这个行为深深伤害了晓雪的心，她找到爸爸质问道："你以为我愿意做你的女儿吗？妈妈都被你气得自杀了，你到底要干什么？你是觉得我眼睛不像你，还是嘴巴不像你？"也许是良心的不安，也许是在晓雪身上看到了自己的遗传基因，闫峰醒悟了，随即撤回了起诉。本身心脏就不好的奶奶大发雷霆，气得心脏病发作去世。

晓雪去参加奶奶的葬礼，却被姑姑闫红轰了出来。晓雪发誓从此和奶奶家断绝来往。

几年过后，一天，晓雪接到妈妈打来的电话，竟是爸爸的死讯。虽然恨爸爸，可此时她的内心还是充满了悲伤。

爸爸去世了，晓雪成了唯一的第一顺位法定继承人。爸爸名下有一套房子和一些现金，价值一千多万元，然而姑姑闫红认为晓雪不是闫峰的亲生女儿，没有继承权，便向人民法院提起了诉讼。闫红称被继承人闫峰生前就怀疑晓雪不是其亲生女儿，请求法院进行亲子鉴定。为此，闫红提供了照片、证人证言、单方委托的重庆市法医学会司法鉴定所出具的《司法鉴定意见书》，证明晓雪不是被继承人闫峰的亲生子女，并向法院提供了闫峰的毛发供鉴定使用。同时，为了给法院和晓雪施加压力，闫红竟然向媒体爆料：私生女拒绝做亲子鉴定，意欲侵吞遗产。

晓雪坚决不同意进行亲子鉴定，理由：（1）闫红提供的毛发检测物来源不明；（2）自己如果同意做鉴定，就是对妈妈的侮辱。这个案子该不该鉴定？如果晓雪不鉴定，又该怎么判呢？

最终，法院认为，闫峰早在2004年就怀疑闫晓雪非其亲生，但至其死亡时，在长达6年的时间内，闫峰并未采取诸如亲子鉴定等措施寻求事实真相，而且一如既往地履行其作为父亲的抚养义务，与闫红称是为实现闫峰生前遗愿而申请亲子鉴定相悖，故驳回闫红提出亲子鉴定的请求，并判决确认闫晓雪系闫峰与陈岚的婚生女，依法享有继承权。

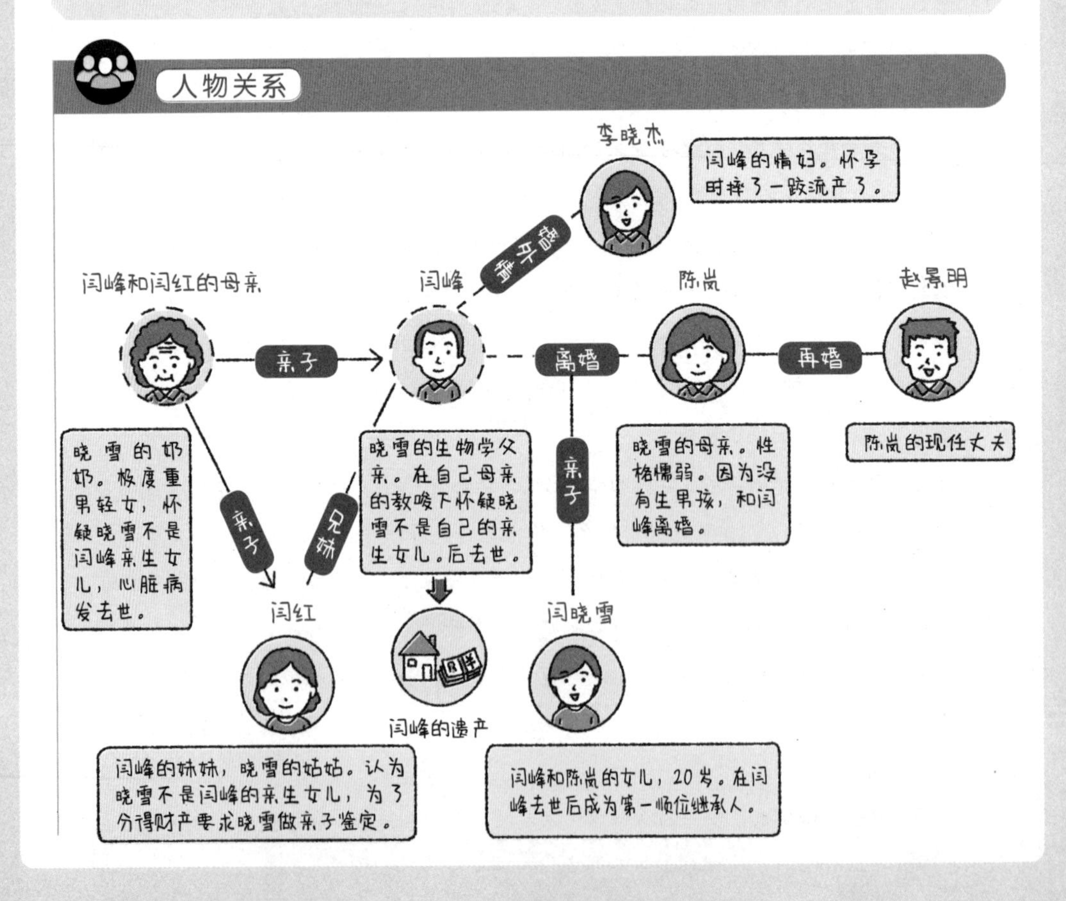

本案风险点

法定继承的实操过程与结果，其复杂程度可能远远大于遗嘱继承

由于目前基础法律的普及还比较有限，所以大多数的家庭在继承关系发生时往往会出现法定继承现象，只有少数有提前安排意识且真正通过实操将财产规划落地的家庭，才有可能实现遗嘱继承。

之所以说法定继承有风险，是因为法律的判定要考虑各种客观情况，是一种基于公平、相对合理的折中结果，而实际的主观感受和情感偏向往往只有当事人自己最清楚。因此，法定继承对于关系复杂的家庭，判定结果的不确定性也就变大了。这也是为什么本案中的晓雪明明是爸爸的独生女，却被姑姑起诉到法院，导致差点儿无法继承爸爸财产的被动情况。

在本案中，法定继承的判定过程也耗费大量的精力和时间，比如姑姑闫红坚持要让晓雪做亲子鉴定，甚至采取向媒体爆料的手段等以期争夺继承权，使得情况一度更加复杂。

律师说“法”

亲子关系鉴定

本案的争议焦点在于亲子关系。由于闫峰生前没有留下遗嘱或遗赠扶养协议，所以其遗产直接转入法定继承程序。法定继承中，配偶、子女、父母为第一顺位继承人，兄弟姐妹、祖父母、外祖父母为第二顺位继承人。存在第一顺位继承人的情况下，第二顺位继承人不发生继承。在本案中，陈岚在闫峰死亡前已经和其离婚，闫峰父母的死亡时间在闫峰之前，因此都没有继承权；所以，唯一有继承权的就是作为婚生女的闫晓雪了。姑姑闫红属于第二顺位继承人中的“兄弟姐妹”，只要有闫晓雪在，闫红便没有继承权，所以她才千方百计要通过亲子关系鉴定证实闫晓雪非闫峰的亲生女儿。而确认亲子关系存在与否的最直观证据就是亲子关系鉴定，所以，下文将对亲子关系鉴定进行分析讨论。

由于亲子关系鉴定不仅涉及个人隐私，并且对家庭和谐和社会道德伦理存在重大冲击，《中华人民共和国婚姻法司法解释（三）》规定了提出请求确认亲子关系存在与否的主体仅限于该子女的父母，第三人无权提出亲子关系的确认或否认之诉，也无权要求他人做亲子关系鉴定，所以法院驳回闫红关于亲子关系鉴定的请求。在实践情况中，也常有婚生子女被其他继承权起诉至法院，要求进行亲子关系鉴定，确认该婚生子女非被继承人亲生子女，不享有继承权；而对于非婚生子女的案例，则多是非婚生子女通过已有的亲子关系鉴定或主动请求做亲子关系鉴定以获得继承权。

（1）婚生子女的亲子关系鉴定

对于婚生子女来说，亲子关系鉴定并非证明亲子关系存在的必要条件。通常情况下，推定婚姻关系存续期间受胎或出生的子女为夫妻双方的婚生子女，婚生子女在办理继承的时候提供的亲子关系证明材料包括能体现与被继承人的亲属关系的户口本（如载明父女、母女、父子、母子等关系）以及出生证等证明，当户籍证明和出生证上没有记载亲子关系，或有其他相反证据证明亲子关系不存在，如夫妻双方结婚到子女出生的时间明显不符合正常的受胎时间，子女血型不属于双方结合可能产生的血型等，婚生子女可能需要提供亲子关系鉴定证明亲子关系的存在。同时，出现上述情况的时候，利害关系人享有推翻亲子关系的权利，即可以向法院提起亲子关系否认之诉获得救济。

亲子关系否认之诉中，主张否定亲子关系的一方需要提供完整的证据链条证实亲子关系的不存在，否则法院将本着维护亲子关系稳定性和谨慎的原则，对请求确认不存在亲子关系的主张不予支持。正如本案，从闫红提出的证据来看，并不能形成完整的证据链条以否认双方的亲子关系。首先，亲子关系是一种身份关系，不同于其他民事关系，照片和证人证言这一组证据与被证事实之间没有必然的关联性。其次，在实务中，如果被鉴定一方以检验物的来源不明、检验操作不规范或鉴定机构、人员不具相应的资质等为由，不认可由单方委托鉴定机构所做的亲子鉴定，法院通常不支持该亲子关系鉴定的证明效力。闫红单方委托的重庆市法医学会司法鉴定所出具的《司法鉴定意见书》（亲子关系鉴定）即属此种情形。另外，亲子鉴定涉及人身权利、当事人的隐私及人与人之间亲情的变化和家庭关系的稳定，除非当事人双方自愿，否则法院倾向于不支持亲子关系鉴定的申请，即不会采用强制方式要求进行鉴定。

法院驳回亲子鉴定的申请是不是就相当于否定申请者的主张？非也。根据《中华人民共和国婚姻法司法解释（三）》的规定，如果夫妻一方向人民法院起诉请求确认亲子关系不存在，并已提供必要证据予以证明；另一方没有相反证据又拒绝做亲子鉴定的，人民法院可以推定请求确认亲子关系不存在一方的主张成立。如果当事人一方起诉请求确认亲子关系，并提供必要证据予以证明；另一方没有相反证据又拒绝做亲子鉴定的，人民法院可以推定请求确认亲子关系一方的主张成立。所以，具体还要根据双方提出的证据才能做出最终的判断。

（2）非婚生子女的亲子关系鉴定

非婚生子女是指是在受胎期间或出生时，其父亲和母亲无婚姻关系的子女，此类子女通常于同居关系或婚内出轨的情况下诞生。与婚生子女相反，一般推定非婚生子女与有利关系一方不存在亲子关系，除非有相反的证明材料——亲子关系鉴定。由于身份关系的特殊性，有了亲子鉴定也不能当然地认为亲子关系存在，还必须通过亲子关系确认之诉去确认身份关系的存在。在亲子关系确认之诉中，如果一方起诉请求确认亲子关系存在并提供相应证据（如与另一方有同居关系的证明且该方有抚育非婚生子女的证据），另一方没有相反证据且拒绝做亲子鉴定的，法院可以推定亲子关系存在。

亲子关系鉴定属于法律规定的八大证据种类中的鉴定意见。在我国司法实践中，亲子关系鉴定主要有两种类型：一是诉讼亲子鉴定；二是非诉讼亲子鉴定。前者是指通过诉讼途径，由双方协商一致选择有鉴定资格的鉴定机构、鉴定人员作出的亲子关系鉴定，或双方协商不成，由法院指定的鉴定机构做出的亲子关系鉴定，此类型的亲子鉴定只要不存在鉴定程序严重违法、鉴定结论明显依据不足的或经过质证认定不能作为证据使用的其他情形，基本可以直接作为评判亲子关系是否存在的标准。而后者也称社会亲子鉴定关系，社会亲子关系鉴定能否作为证据直接使用，要视具体情况而定，如一方单独委托的社会鉴定机构作出的亲子关系鉴定，另一方不予认可的不能直接作为证据使用；但如果是双方协商一致委托的有鉴定资质的机构，且没有不合程序的操作，则法院将尊重双方的意见确认该亲子鉴定的法律效力。

解决方案

本案中因复杂的家庭矛盾导致法定继承困难重重。那么有什么办法可以尽量避免这种情况吗?

方案 1 遗嘱继承避免发生遗产争夺

适用于 → 一般家庭均可适用。

本案例中正是因为闫峰生前未设立遗嘱，给其他第二顺序法定继承人以争夺遗产的想象空间，并最终导致了姑侄相争的家庭纠纷。本案例也告诉我们，不要用巨大利益去考验人性，亲人之间也同样是经不起巨额财富的考验。如果闫峰早早设立遗嘱，其妹闫红也就没有争夺遗产的可能，也便不会歪曲事实说闫晓雪并非其哥哥的亲生女儿。因为在遗嘱指定闫晓雪继承遗产的情况下，闫红即便证明闫晓雪并非其哥哥的亲生女儿，其仍无法继承闫峰的遗产。

方案 2 利用保险合同中受益人的权利，提前锁定自家现金类资产的继承关系

适用于 → 独生子女家庭。

闫峰虽然留下了一笔不算少的财产，包括一套房产和一部分现金，但却没有留下一份“省心”的心愿清单。不得不说，他的离世，给自己的女儿晓雪带来了一系列的烦恼和纷争。闫晓雪作为闫峰的亲生独女，虽然是法定的唯一继承人，但因为复杂的家庭矛盾使得闫峰的婚姻关系和亲子关系被搅得不明确，使得晓雪不能顺利完成继承遗产的手续。

理财名家——赛美有话说——

胡适先生曾经说过：保险的意义只是今日做明日的准备，父母做儿女的准备，儿女小时做儿女长大的准备，如此而已！今天预备明天这是真稳健；生时预备死时这是真旷达；父母预备儿女，这是真慈爱……

名人话保险

一个有责任感的人对父母、爱人、儿女珍爱的表现，乃在于他（她）对这个温馨、幸福的家庭有完全的准备。保有适当的寿险，是一种道德责任，也是国民该负起的义务。

罗斯福（美国前总统）

如我办得到，我一定要把保险这个字写在家家户户的门上，以及每一位公务员的手册上，因为我深信，通过保险，每个家庭只要付出微不足道的代价，就可免遭万劫不复的灾难。

丘吉尔（英国前首相）

> 我一直是人寿保险的信仰者，即使一个穷人，也可以用寿险来建立一项资产，当他创造了这一项资产，他可以感觉到真正的满足，因为，他知道倘若有任何事件发生，他的家庭仍可得到保障。

杜鲁门（美国前总统）

如果懂得利用保险合同中受益人的权利，就能提前锁定自家现金类资产的继承关系。对于闫峰来说，需要做的保险规划除了重疾、意外和医疗保障之外，还要对现金资产进行提前部署和规划，以确保自己的女儿可以得到更多的权益。

闫峰的保障规划

保障类型	投保人	被保人	受益人	保障配置说明
重疾险	闫峰	闫峰	闫晓雪100%	规避因重疾风险来临带来家庭原有储蓄的损失。通常重疾的保障是年收入的5倍
寿险	闫峰	闫峰	闫晓雪50% 闫峰父母50%	闫峰可以规划300万元的寿险，万一闫峰在打拼事业的阶段，发生了人身风险，女儿和父母都可以得到较为周全的照顾。同时，由于寿险有明确的指定受益人（女儿），相当于这份寿险就是一份指定信托，这笔现金资产不会产生继承上的纠纷
医疗险	闫峰	闫峰	—	为自己规划一份医疗险，突破社保限制，进口药、特效药也能够得到足额的报销。拥有品质医疗服务，才能拥有一个持续的健康管理保障
意外险	闫峰	闫峰	闫晓雪50% 闫峰父母50%	为自己规划500万元以上的意外险保障，覆盖普通意外险，航空、火车、轮船、公共交通、营运车辆以及驾乘私家车等交通意外、自然灾害、普通意外，以及意外导致的手术或是门诊，都能得到理赔
年金险（教育金）	闫峰	闫晓雪	闫峰100%	在孩子读书的阶段，就可以拿出年收入的10%~20%帮女儿（闫晓雪）规划一份专属教育金，并增加豁免功能，既可以满足孩子得到高品质的教育金，同时也是一笔传承给孩子的现金资产

本节案例
所涉及的法律依据及相关解释

法·律·规·定·及·司·法·解·释

■ 关于亲子关系的确认

《最高人民法院关于适用〈中华人民共和国婚姻法〉若干问题的解释（三）》

● 第二条：夫妻一方向人民法院起诉请求确认亲子关系不存在，并已提供必要证据予以证明；另一方没有相反证据又拒绝做亲子鉴定的，人民法院可以推定请求确认亲子关系不存在一方的主张成立。

当事人一方起诉请求确认亲子关系，并提供必要证据予以证明；另一方没有相反证据又拒绝做亲子鉴定的，人民法院可以推定请求确认亲子关系一方的主张成立。

本节关键词

法律关键词　婚姻法　继承法　婚前协议　亲子关系鉴定

理财关键词　不动产　现金资产　年金险

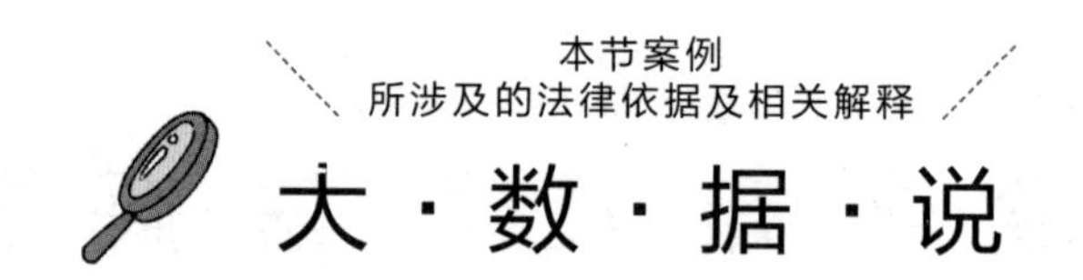

通过对关键词“非婚生”“亲子关系”进行检索，筛选出54个相关案例，案由主要为抚养费纠纷和继承权纠纷，其中认定存在亲子关系的案件有33件，主要的裁判理由为：

（1）一方提出相应证据证明亲子关系存在（包括同居关系证明、出生证明、尽到抚养义务证明等），另一方不同意做亲子关系鉴定而推定亲子关系存在；

（2）所鉴定的物质不能证明属于当事人，另一方对此鉴定不予认可，但相对方不同意重新鉴定；

（3）亲子关系鉴定结果表明亲子关系存在。

认定亲子关系不存在的有21件，主要的裁判理由为：

（1）虽然一方当事人拒绝配合做亲子关系鉴定，但另一方提供的证据也不足以证明亲子关系存在；

（2）其中一方当事人已经死亡，不能进行鉴定，而另一方提供的证据不足以证明亲子关系存在；

（3）证明亲子关系存在的鉴定证明有瑕疵，不能与其他证明形成完整的证据链条证明亲子关系存在；

（4）亲子关系鉴定结果显示亲子关系不存在。

由此可知，涉及非婚生子女的抚养费纠纷和继承权纠纷的关键点，在于亲子关系鉴定以及其他非亲子关系鉴定以外的可以形成完整证据链条的证据，两者存在其一即可达到证明目的。

对于婚生子女的亲子关系鉴定，通过对判决的检索，结论与上述法律分析一致，在此不再赘述。

家庭财富向旁系和拟制血亲外流

——如何避免父母财产被并无往来的旁系或拟制血亲分割？

案例重现

（本案例中的名字均为化名，如有雷同，纯属巧合）

郑诗涵看着与自己家从来没有往来、甚至素未谋面的伯父詹启明在法庭上巧舌如簧、谋夺自家财富，自己却毫无办法，心中真不是滋味。

事情的来龙去脉还要从头说起。

郑宇华1975年出生在湖北省武汉市，两年后妹妹郑慧香出生。在郑宇华11岁的时候，母亲徐菊英不幸因病去世。两年后，独自抚养两个孩子的父亲郑博锋，在亲友的介绍下与另一离异的王芹花女士重组家庭，王芹花有个18岁并与其前夫共同生活的婚生儿子詹启明。

郑宇华自小聪颖好学，大学后在广州工作、落户。2001年，郑宇华与友人共赴深圳创业开设公司，2003年与来自重庆的女士陈春华在重庆登记结婚，一年后，女儿郑诗涵在重庆出生。同时，郑宇华的创业公司也越做越大，业绩逐年上升，家里也购置了四套房产。

沉浸在家庭事业双丰收之中的郑宇华，却在2011年的体检中发现身患肝癌，虽经化疗救治，但还是于2012年不幸在广州离世。由于父亲郑博锋和继母王芹花在办理完丧事后曾口头表示放弃继承郑宇华的遗产，遗产全部归妻子陈春华和女儿郑诗涵继承，因此料理完后事也并未急于办理继承手续。2013年，陈春华在主要遗产所在地公证机构申请办理继承权公证手续。

由于郑宇华生前未立下遗嘱，遗产应该按照法定继承的程序办理，根据法律规定，遗产的第一顺位继承人分别是配偶陈春华、女儿郑诗涵、父亲郑博锋和继母王芹花。公证处审查完陈春华提供的资料后，要求陈春华在广州办理郑宇华的死亡公证，女儿郑诗涵与郑宇华的亲属关系公证；在武汉办理郑宇华母亲徐菊英的死亡公证，父亲郑博锋、继母王芹花与郑宇华的亲属关系公证，郑博锋、王芹花放弃继承权声明书公证；在重庆办理结婚公证。陈春华听完公证机构的要求当场就蒙了，办这些公证手续得花多少时间和精力往返广州、深圳、武汉、重庆等地，但是为了办好继承事宜，陈春华只好按照公证机构的要求逐一去办理。

然而在继母王芹花办理放弃继承权声明书公证前，却不幸突遭车祸死亡。根据法律规定，继承开始后，继承人没有表示放弃继承，并于遗产分割前死亡的，发生转继承情况，其继承遗产的权利转移给他的合法继承人。于是王芹花继承郑宇华遗产的权利转移给其配偶郑博锋、继女郑慧香、王芹花的亲生儿子詹启明。

郑宇华遗产众多，价值不菲，包括房产、汽车、股权、存款等，詹启明一直积极要求继承，而陈春华自然是不愿意自己的家庭财富被外人分走。詹启明一纸诉状将陈春华、郑诗涵、郑博锋、郑慧香四人诉至法院，请求法院判令：（1）登记在被继承人郑宇华名下位于深圳市的两套房产由原、被告五人依法继承；（2）被继承人郑宇华名下的股票、银行存款、个人社保养老保险账户余额，由原、被告五人依法继承；（3）被继承人郑宇华所持深圳市××有限公司30%股权由原、被告五人依法继承；（4）登记在被继承人郑宇华名下小汽车一辆由原、被告五人依法继承；（5）被继承人郑宇华的保险赔偿金由原、被告五人依法继承；（6）诉讼费用由被告承担。

为了稀释詹启明所能继承遗产的份额，使得原本打算放弃继承的父亲郑博锋和妹妹郑慧香也被迫加入遗产争夺战，在诉讼过程中，詹启明还向法院申请增加诉讼请求，要求对登记在陈春华名下属于夫妻共同财产的部分进行析产，避免遗漏属于郑宇华的遗产。

各方经过耗时费力的法院诉讼程序，最终法院判决：配偶陈春华分得遗产的四分之一，女儿郑诗涵分得遗产的四分之一，父亲郑博锋分得遗产的三分之一，妹妹郑慧香分得遗产的十二分之一，同时王芹花的儿子詹启明也如愿分得遗产的十二分之一。

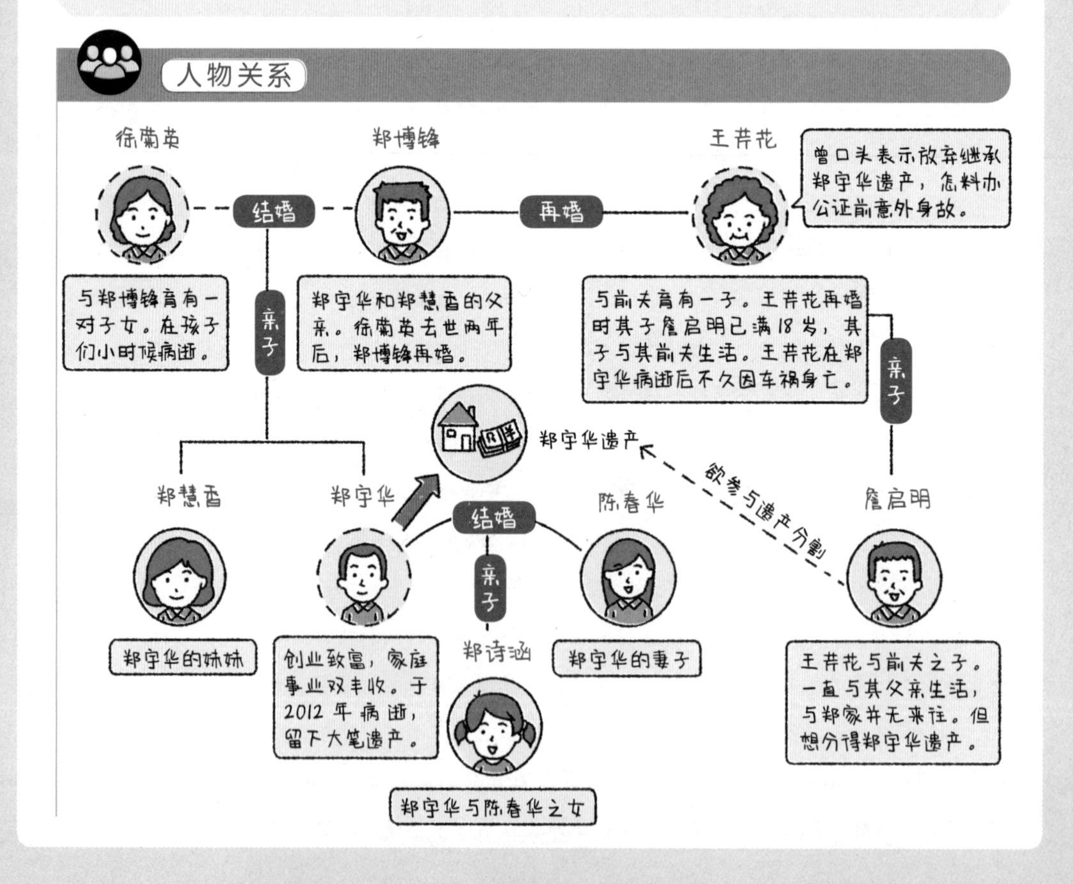

本案风险点

突发的疾病和意外，对家庭财产分割会产生决定性影响

疾病和意外难以预测，甚至有时无法预测，但却是每个家庭都得担负的风险情况之一。郑诗涵的父亲和郑宇华的继祖母就是在毫无准备的情况之下，突然撒手人寰，由于在世时没有提前为身后事做好安排，家庭财产只能依照法律规定进行分割，而使得感情浓厚的家人和子女失去了继承的主动权。

家庭没有提前做好财产规划，对财产继承也没有危机意识

在大多数人的概念里面，独生子女继承父辈财产是自然而然、不会有争议的事儿。但由于人们缺乏对《中华人民共和国继承法》的认识，以及缺乏对办理继承手续的实操了解，不知道如果发生意外状况就会导致继承受阻。

本案中的郑诗涵家庭就是典型的例子，父亲和继祖母先后离世，而父亲在生前并没有将自己的财产通过法律或者金融工具进行明确的继承指定，导致一个并无来往的拟制血亲分割了家产。

律师说“法”

法定继承人

根据《中华人民共和国继承法》的规定，第一顺序法定继承人包括：配偶、子女、父母。第二顺序法定继承人包括：兄弟姐妹、祖父母、外祖父母。继承开始后，由第一顺序继承人继承，第二顺序继承人不继承。没有第一顺序继承人继承的，由第二顺序继承人继承。具体而言，第一顺序继承人包括：

（1）父母是最近的直系尊亲属，父母子女间有着最密切的关系，互为继承人。继承法上作为法定继承人的父母包括生父母、养父母和有扶养关系的继父母。

（2）作为继承人的配偶须是于被继承人死亡时与被继承人之间存在合法

的婚姻关系的人。

（3）子女是被继承人最近的直系卑亲属，包括婚生子女、非婚生子女、养子女和继子女：

①婚生子女，是有合法婚姻关系的男女双方所生育的子女。

②非婚生子女，是指没有合法婚姻关系的男女双方所生育的子女。非婚生子女与婚生子女享有同等的继承权。

③养子女，是指因收养关系的成立而为收养人所收养的子女。收养关系成立后，被收养人与其生父母之间法律上的权利义务关系解除，养父母与养子女间发生父母子女间的权利义务关系。因此养子女为养父母的法定继承人，其有权继承养父母的遗产而无权继承生父母的遗产。

④有扶养关系的继子女。依《中华人民共和国继承法》规定，只有与被继承人间有扶养关系的继子女才为法定继承人，继父母子女之间是否形成扶养关系的判断标准，主流观点是“继父母负担了继子女全部或部分生活费和教育费”标准。在我国一般的家庭中，都采夫妻财产共同共有的财产制，采约定财产制的比较少。在大多数的再婚家庭中，只要亲生父或母承担了子女的生活费用或者教育费用，则继母或继父也应当认为是承担了继子女部分生活费和教育费，因此形成了《中华人民共和国婚姻法》第二十七条所要求的“抚养教育关系”，彼此也就产生了继承权。同时，继子女不论其是否有权继承继父母的遗产，均有权继承生父母的遗产，为生父母的法定继承人。

所以，王芹花与郑宇华、郑慧香之间形成扶养关系的继母继子女关系，相互之间享有继承权。因王芹花的死亡时间晚于郑宇华，产生转继承，根据《最高人民法院关于贯彻执行〈中华人民共和国继承法〉若干问题的意见》第五十二条规定，王芹花对郑宇华遗产的继承权利转移给郑博锋、郑慧香、詹启明。

解决方案

由于郑宇华家庭状况较为复杂，即使家庭成员对遗产继承不发生纠纷，其继承人办理法定继承权公证手续仍然很复杂，无形中给继承人顺利继承遗产套上了很多枷锁。郑宇华在世的时候其实有很多选择可以做，这些做法都可以大大减轻或者避免继承人遇到复杂的继承程序：

方案 1
签订夫妻财产协议约定；设立遗嘱避免财产向旁系血亲、姻亲转移

适用于 → 再婚家庭或成员状况较为复杂的家庭。

虽然人们忌讳死亡，不愿意过早立下遗嘱，甚至完全不愿意提及立遗嘱事宜，但是立遗嘱其实是非常好的确保财富安全传承的方式，可以有效避免因法定继承中的转继承导致家庭财富流失。具体来说，本案中的情况可以通过以下方法规避：

步骤 1 ➡ 夫妻之间签订《夫妻财产协议》，约定各自的财产归属。

因我国的法定夫妻财产制度为夫妻共有制度，无论登记在夫妻哪一方名下的财产均属于夫妻共同财产。一方去世后，登记于健在配偶名下的财产之一半同样属于遗产。避免发生继承的时候分割健在配偶的名下财产，夫妻之间可以提前签订《夫妻财产协议约定》，但签订该协议的时候应注意公平合理，避免夫妻一方感情破裂离婚时，依据该协议而遭受财产上的重大损失。

步骤❷ ➡ 夫妻各自设立遗嘱，指定各自的遗嘱继承人。

特别是做公证遗嘱的时候，须将遗嘱条款内容列清楚，以便遗嘱执行；其次把与继承人的亲属关系的材料、财产信息予以收集整理，并交公证处存档。由于存在合法有效的遗嘱，遗产继承便不属于法定继承程序，避免了需提交各种烦琐证据的麻烦。

另外值得特别注意的是，根据《中华人民共和国婚姻法》第十七条规定，子女在婚姻关系存续期间，如果是通过法定继承方式继承父辈财产，其继承的财富必然属于夫妻共同财产，一旦发生婚变，必然要进行分割。如果通过遗嘱继承，立遗嘱人可在遗嘱中表明，继承人继承所得为个人财产，不作为其夫妻的共同财产。

方案 2
利用金融保险的法律属性，在生前明确指定自己希望照顾的人为受益人，给自己的家庭财产修一堵坚实的防火墙

适用于 ➔ 父母辈有旁系亲属或再婚的家庭。

根据《中华人民共和国保险法》的相关规定，郑宇华如果购买以自己为被保险人并指定妻女为受益人的人身保险，则其身发生保险理赔时，受益人可以直接申请获得保险赔偿金，无须通过复杂的继承程序。甚至郑宇华可以为家人购买涵盖教育、理财、养老年金等多种不同类型的保险产品，足额缴纳保费后，即使在其身故后，其指定的保险受益人一样可以直接享有保险理赔金收益，无论是年迈的老父，还是年幼的女儿，其生活一样能得到保障。

人生就是一场数字游戏，人们总想拿一手“好牌”，彰显王者风范。然而，大多数人对自己的“牌面”并不满意，比如教育背景、家庭环境、职业、工作，甚至是伴侣……

郑诗涵一出生就拿了一手“好牌”——从小是家里的“掌上明珠”，父亲郑宇华才华出众，开创公司也非常顺利，创下比较雄厚的资产。然而，自己的父亲不幸罹患癌症，家庭的亲情关系、财富结构也迅速发生了巨大了变化。价值不菲的遗产不能顺利继承，郑诗涵小小年纪就开始感受人间的各种“冷暖”，原来自己手上的“牌”不是那么美好，不知道应该如何去亮牌，如何应对家庭发生的这一系列变故。

由于家庭的经济主力突然发生了人身意外，没有预先留下财富传承计划，而导致家人陷入无休止的纠纷的现象，已是司空见惯。郑宇华的家庭也没有幸免。

意外、疾病，这些风险都不是由个人的意志就可以控制的。但我们却始终没有把风险的防范当作是家庭最重要的事情来规划。

不做风险管理，就得做危机处理。摆在郑诗涵面前的，就是这样一场危机的“战斗”。

如果郑诗涵的父母在身体健康的情况下，早早地对家庭的财富分配、风险管理做出安排，也就不会产生后续一系列闹心又伤心的案件。

那么，郑诗涵的父亲郑宇华，应该如何来做家庭的保障规划呢?

事实上，无论是企业主，还是普通的家庭，保险规划都有其共通之处。大体都会包括重疾保障、意外保障、医疗、养老金、教育金、寿险等，只不过，不同的家庭结构、不同的财务基础，所规划的额度有所不同，以及为了更好地满足资产传承、债务隔离、合理避税等目标，也将会在保单的结构设计和受益人设计中做出相适应的安排。

同样，对于郑宇华而言，优先要安排的，也是意外、重疾、医疗；其次是现金资产的专属性安排。

郑宇华一家的保障规划

保障类型	投保人	被保人	受益人	保障配置说明
重疾险	郑宇华	郑宇华	郑诗涵50% 陈春花50%	规避因重疾风险来临带来家庭原有储蓄的损失。通常重疾的保障是年收入的5倍
寿险	郑宇华	郑宇华	郑诗涵50% 郑宇华父亲（郑博锋）50%	都说“生命无价”，这是一种对生命的敬仰。生命只有一次，不能重来。当逝去的那一刻，通过寿险，生命可以获得“标价”。它是一种“经济生命”的延续：当发生人身风险时，帮助家人获得一笔经济上的资助。可以规划300万元以上的寿险，万一郑宇华在打拼事业的阶段，发生了人身风险，女儿和老父亲都可以得到较为周全的照顾
高端医疗险	郑宇华	郑宇华	本人	很多家庭都会为“不时之需”留一笔备用金，比如万一生病，就需要花费不少的钱，所以每个家庭都会留不少的资金用于短期理财或活期存款。殊不知，用医疗险就可以很好地解决这个担忧。特别是高端版的医疗险，对于保险公司网络内的医疗机构，都可以采用直付功能，也就是说在医院发生的费用，由保险公司直接支付，病患无须自己掏腰包。能否得到高品质甚至稀缺、最贵的医疗服务，能否让资金极大释放、提高利用率，根本上还是需要改变认知：拥有保险，拥有保障
意外险	郑宇华	郑宇华	郑诗涵50% 陈春花50%	为自己规划1000万元以上的意外险保障，覆盖普通意外险，航空、火车、轮船、公共交通、营运车辆以及驾乘私家车等交通意外、自然灾害、普通意外，以及意外导致的手术或是门诊，都能得到理赔
年金险	郑宇华	郑诗涵	陈春花50% 郑宇华50%	在孩子还在读书时，就可以将一部分资产，为女儿投保一份专属的教育金，并增加豁免功能，既可以满足孩子得到高品质的教育金的同时，也是一笔传承给孩子的现金资产

综上所述，只要人人做好财富传承规划，就可以避免给后人增加困难和烦恼。特别是高净值人群可以通过专业人士的规划，为自己的财富传承做好安排，从而避免案例中郑家遗产向旁系及拟制血亲流失，避免老父幼女日后生活得不到保障。

本节案例
所涉及的法律依据及相关解释

法·律·规·定·及·司·法·解·释

1 遗产的继承顺序与范围的约定

《中华人民共和国继承法》

● 第十条：遗产按照下列顺序继承：第一顺序：配偶、子女、父母。第二顺序：兄弟姐妹、祖父母、外祖父母。继承开始后，由第一顺序继承人继承，第二顺序继承人不继承。没有第一顺序继承人继承的，由第二顺序继承人继承。本法所说的子女，包括婚生子女、非婚生子女、养子女和有扶养关系的继子女。本法所说的父母，包括生父母、养父母和有扶养关系的继父母。本法所说的兄弟姐妹，包括同父母的兄弟姐妹、同父异母或者同母异父的兄弟姐妹、养兄弟姐妹、有扶养关系的继兄弟姐妹。

《最高人民法院关于贯彻执行〈中华人民共和国继承法〉若干问题的意见》

● 第五十二条：继承开始后，继承人没有表示放弃继承，并于遗产分割前死亡的，其继承遗产的权利转移给他的合法继承人。

2 被保险人死亡后保险金作为遗产的相关约定

《中华人民共和国保险法》

● 第四十二条：被保险人死亡后，有下列情形之一的，保险金作为被保险人的遗产，由保险人依照《中华人民共和国继承法》的规定履行给付保险金的义务：①没有指定受益人，或者受益人指定不明无法确定的；②受益人先于被保险人死亡，没有其他受益人的；③受益人依法丧失受益权或者放弃受益权，没有其他受益人的。受益人与被保险人在同一事件中死亡，且不能确定死亡先后顺序的，推定受益人死亡在先。

本节关键词

法律关键词　继承顺序　遗产分割

理财关键词　保险金　指定受益人　资产传承

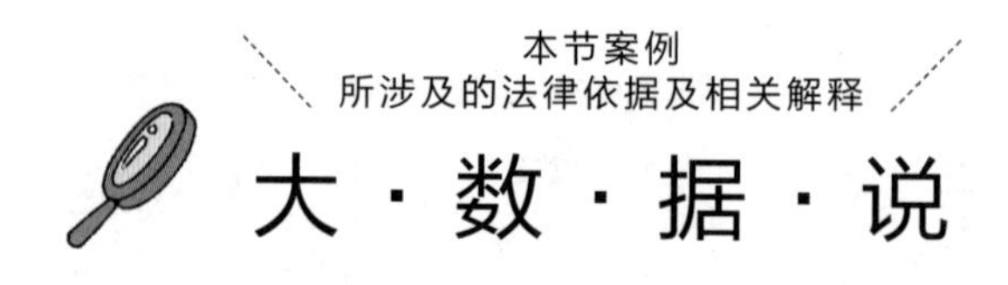

笔者在聚法案例库检索“案由：遗嘱继承纠纷”“审判年份：2017 年” 查得 599 份涉及遗嘱的继承案例。从遗嘱形式上看，自书遗嘱 171 份、代书遗嘱 197 份、公证遗嘱 154 份、录音遗嘱 2 份、口头遗嘱 3 份，另外尚有 79 份遗嘱在裁判文书中未明确遗嘱形式，有 7 份遗嘱为非继承法所规定的五种法定遗嘱形式之一。可见在实践中主要以自书遗嘱、代书遗嘱、公证遗嘱为主，《中华人民共和国继承法》规定的其他两种法定遗嘱形式录音遗嘱和口头遗嘱在生活中已经很少被采用了。

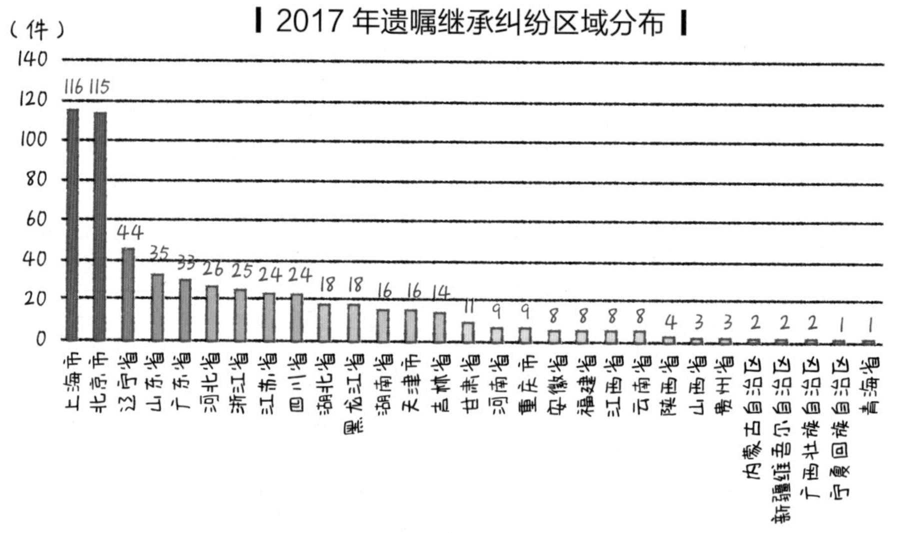

从区域分布上看，遗嘱继承纠纷案件数量分布排名前十的分别是：上海市 116 件、北京市 115 件、辽宁省 44 件、山东省 35 件、广东省 33 件、河北省 26 件、浙江省 25 件、江苏省 24 件、四川省 24 件、湖北省 18 件。遗嘱继承纠纷案件较多地分布在经济较为发达的地区，在这些地区人们收入水平较高，拥有可支配传承的资产也较多。

同时，我们也发现遗嘱继承纠纷案件在北京市和上海市的分布明显高于全国其他地区。我们认为能较合理解释上述现象的原因：北京和上海的房产价值相对更高，有更大的诉争利益存在，因此纠纷较多；北京和上海地区人们具有更强的权利意识和法律意识，更多地运用诉讼程序解决继承纠纷。

案例
4-4

独生子女的继承困境

——如何避免独生子女因家庭成员资料及财务信息缺失、“无被告可诉”而难以继承父母财产？

4

案例重现

（本案例中的名字均为化名，如有雷同，纯属巧合）

满脸愁容的谭泽秋宁愿希望有人可以告他。父母亲走了，身为独子的他却偏偏办理不了继承手续。刚刚在法院咨询诉讼继承相关事宜，立案庭法官向其表示，法院不可能主动审理案件，必须由其本人或其他利害相关人提起继承权纠纷诉讼，才能启动法院的诉讼继承程序。

由于谭泽秋是遗产的唯一继承人、“无被告可诉”，所以无法启动诉讼继承程序解决其继承问题。这到底是怎么一回事呢？

谭泽秋的父亲谭云高是出生在印度尼西亚的华侨，20 世纪 70 年代谭云高双亲相继辞世。于是谭云高返回祖国大陆，并积极投身于祖国的建设。在工作中谭云高结识了阮蓉珍女士，相知相恋的二人于 1979 年登记结婚，第二年他们的独生子谭泽秋出生。随着改革开放的大潮，谭云高夫妇来到深圳创业，经过多年的苦心经营，这个三口之家在深圳购置了多处房产，积攒了丰厚的家庭财富，在此期间，阮蓉珍的父母也于 1993 年前后相继离世。

谭泽秋在谭云高、阮蓉珍二人的精心培养下，顺利考入北京某名牌大学，并于毕业后前往美国深造，于 2006 年从海外学成归来，在深圳开始自己的创业之旅。

以往甚少生病也就疏于体检的谭云高在 2011 年突感不适，经送院检查发现已患癌症且已扩散，虽家人悉心照料，但回天无力，于同年底在广州离世。阮蓉珍忧思成疾，2013 年不幸撞上司机酒后驾驶的货车，终因伤势过重，未及留下遗嘱便随亡夫脚步而去。

谭泽秋收拾好万分悲痛的心情后，携带资料前往主要遗产所在地深圳的公证机构申请办理继承权公证手续。公证处审查完后，按照公证程序要求谭泽秋提供祖父母、外祖父母死亡的证明材料，以及父亲谭云高与祖父母、母亲阮蓉珍与外祖父母的亲属关系证明材料，以及全部遗产的清单。然而问题出现了，由于谭泽秋自己创业小有成就，平时并没关注自己父母的财产状况，除了已知的房产、车辆外，对父母的存款、理财产品、保险、股票、对外投资等财产状况并不清楚。而且谭泽秋的祖父母是在 20 世纪 70 年代在印度尼西亚去世，父亲谭云高是印度尼西亚出生的华侨，这些证据都是在印度尼西亚形成，需要在印度尼西亚办理相关证据的公证及外交认证手续。因为祖父母早已双亡，谭泽秋甚至都未曾踏上过印度尼西亚的土地，对印度尼西亚方面的亲属更是无从了解。后来，经印度尼西亚方面确认，事实上也已经查不到任何相关资料，无法办理相关公证及认证手续。于是谭泽秋的继承权公证程序陷入僵局无法推进，公证处的工作人员让谭泽秋去法院咨询看看能否通过诉讼继承的程序解决问题。

于是有了开篇在法院咨询诉讼继承的那一幕。而法院说了，因无被告可诉，无法启动诉讼继承程序。百般无奈之下，谭泽秋带着相关资料去到深圳市房地产权登记中心咨询，希望该产权登记中心通过直接审查其继承人资格并为其办理房产继承过户登记手续，该产权登记中心表示他们无法审查继承人资格问题，仅能根据法院的相关生效判决书、裁定书以及公证处出具的继承权公证书办理房产继承变更登记手续。

谭泽秋的继承问题并非单独的个案，而是具有非常典型的代表性，此类独生子女继承案件具有以下三个特点：（1）无可诉的对象。独生子女若是唯一的继承人，面临的问题之一就是一旦无法通过公证的方式继承时，往往不能像一般继承案件一样通过诉讼解决；（2）遗产状况不明。如果被继承人突然去世又未留下遗嘱，继承人无法掌握所有遗产线索；（3）继承材料缺失。办理继承权公证要求提供死亡证明、亲属关系证明等材料，但这些必须材料常常因为年代久远或者登记制度缺失而无法找到，导致公证机构无法出具公证文书。

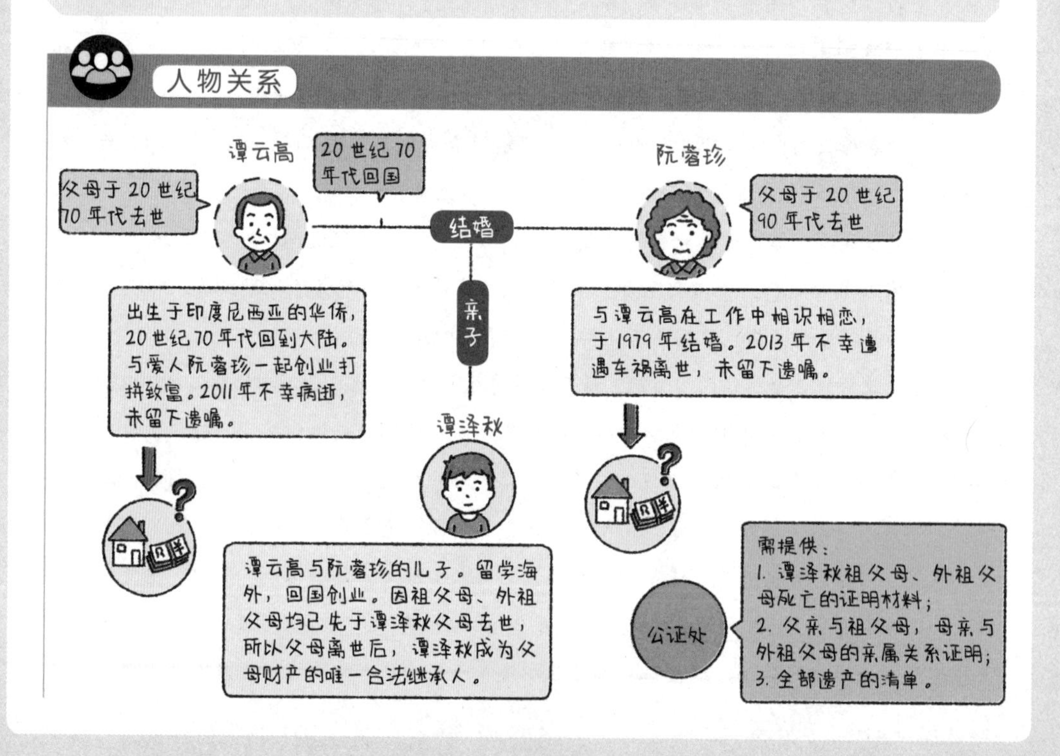

本案风险点

没有妥善保存家庭重要文件的意识和习惯

人的一生，通常只有在父辈去世之后，才会经历遗产继承的时刻。人们很少会在面临具体问题之前，就对继承的相关手续与文件要求了然于心。往往事到临头才去查找文件资料，就需要额外花费更多的人力和物力。尤其像本案中谭泽秋的父母和祖辈，还涉及涉外婚姻与国籍更换的问题……查找的难度更加倍增。如果谭泽秋一家平时就能有意识地提前对家庭的重要文件进行备份与保管，那么谭泽秋在财产继承上就不会陷入如此被动的地步。

谭云高一家没有提前对家族财富的传承问题进行讨论和安排，最终只能被动无助地等待法定继承

人们关注如何挣钱、做企业，让家庭财富增值，却往往忽视了如何安全地传承这些辛苦打拼的战果。没有财富传承和风险防范的意识，对于财产的安排自然也就一拖再拖、排不上日程，直到疾病或意外真的到来后，反而给下一代留下财产继承的不确定性。

独生子女没有管理家庭财富的忧患意识

大多数的三口之家，通常都是由父母打理钱财，独生子女只有在需要用钱的时候才会向父母询问。很多独生子女在外自己奋斗打拼，也未必关心过家中财富的具体管理情况。因此当风险与意外到来时，父母来不及交代清楚，子女也没有头绪，使得财富继承成为难题。

律师说“法”

独生子女的继承

依我国现行法律、法规、规章和相关司法实践，针对遗产所涉财产的类型的不同，遗产继承有以下三种方法：

（1）若遗产为现金、生活用品、牲畜和家禽、文物、图书资料等不需要

办理过户登记的财产，且继承人之间没有纠纷，可自行分割；

（2）若遗产为房产、汽车、股票等需要到产权登记机关办理过户登记的财产，且继承人之间没有纠纷，则可以凭公证处出具的继承权公证书办理过户手续；

（3）如果继承人之间就继承或财产分配存在纠纷且无法协商，则公证处将无法出具继承权公证书，只能通过继承纠纷诉讼解决，依法院判决进行遗产分割过户。

谭泽秋因其父母去世后未立下遗嘱，应按照法定继承办理，又因为是独生子且祖父母、外祖父母均先于其父母去世，所以谭泽秋是目前仅存的唯一合法继承人。谭泽秋首先申请公证继承，公证机构依据《办理继承公证的指导意见》第三条规定要求谭泽秋提供其祖父母、外祖父母的死亡证明和其全部法定继承人的亲属关系证明。由于谭泽秋无法提供其祖父母的死亡证明和亲属关系证明，公证机构依据《中华人民共和国公证法》和《公证程序规则》的规定对谭泽秋的申请作不予办理公证处理。

虽然司法部出台了废止《司法部、建设部关于房产登记管理中加强公证的联合通知》的通知，继承房产、分房遗嘱、赠与房产、涉外涉港澳台房产所有权转移等有关房产登记事项可以不用公证。但《中国人民银行、最高人民法院、最高人民检察院、公安部、司法部关于查询停止支付和没收个人在银行的存款以及存款人死亡后的存款过户或支付手续的联合通知》(以下简称《联合通知》)仍然现行有效。依该《联合通知》第二条关于存款人死亡后的存款过户或支付手续问题的规定，合法继承人凭继承权证明书，人民法院的判决书、裁定书或调解书办理过户或支付手续。

即便《不动产登记暂行条例实施细则》第十四条并未强制要求必须提供继承权公证书、人民法院的判决书、裁定书或调解书才能办理房产继承过户登记手续，但由于在遗产的继承上，我国大部分机构坚持“保护财产转移的安全性”优先于“财产转移程序的便利性”，因此，国内大部分城市的房产继承过户仍需提供继承权公证书，人民法院的判决书、裁定书或调解书。因为《中华人民共和国物权法》规定的登记审查，不仅是形式上审查，而且还要查验这些材料的真实性、合法性。因此，房产登记机关按照《不动产登记暂行条例实施细则》第十四条之规定办理房产继承过户登记，也需要按照《中华人民共和继承法》要求对继承事实进行实质性审查，相关资料并不会因此免除。

其次，就凭遗嘱办理继承而言，一份遗嘱是否生效，法院在审判过程中尚且需对“自书遗嘱”进行司法鉴定，在当前的社会信用体系下房产登记机关是很难审查遗嘱的真实性的。另外，真实性并非遗嘱生效的充分条件，遗嘱除需符合遗嘱的法定形式要件外，还必须满足该份遗嘱确系立遗嘱人生前所立的最后一份遗嘱、并且是在未曾订立过任何公证遗嘱或签订过任何遗赠扶养协议的前提条件下。假设房产登记机关依据一张真伪难辨的遗嘱直接办理了转移过户登记手续，事后该遗嘱被证实无效，那么遗产的实际继承人一旦受损，完全有可能因房产登记机关审查程序不严而提起诉讼。有鉴于此，目前大部分房产登记机关仍然要求把继承权公证书、法院裁判文书作为继承过户登记必备材料之一。

谭云高为了打拼生活而忽视身体健康，埋下健康风险；妻子阮蓉珍则遭受了人身意外风险

谭云高因为以前甚少生病也就疏于体检，一直埋头于事业，当身体突感不适后才发现重病已难医，时日不久就去世了，留下伤心欲绝的家人。如今很多忙碌的人们依然如此疏于关心自己的健康，觉得身体没问题便不去体检，硬扛着打拼生活。

而谭云高的妻子阮蓉珍之后遭遇了意外风险，对于这个三口之家是一个沉重的双重打击。

其实身体是革命的本钱。积极防范、应对健康风险和意外风险，才能减少给自己、给家人、给后代带来的痛苦。财富再多，如果不能智慧运用，也就还是无法为家庭创造持久的安全感。

解决方案

那么，面对本案中的种种问题，有些什么方案能够解决呢？

方案 1 赠与＋公证遗嘱助力独生子女继承

适用于 → 独生子女家庭均可适用。

谭泽秋想通过诉讼解决其继承问题时却面临“无被告可诉”，导致他面临此困境的原因一方面是其父母未及时立下遗嘱；另一方面是因为我国现行的《中华人民共和国继承法》中关于法定继承人范围的规定过于狭窄。从法律方面可通过以下方法预先解决本案中的问题：

方法❶ ➡ 生前赠与。

谭泽秋的父母可以通过赠与的方式传承财产。以赠与方式传承，使得财产在父母健在时便已经完成过户手续，自然不会发生后续复杂的继承程序。

方法❷ ➡ 设立公证遗嘱。

根据《中华人民共和国继承法》第五条的规定：“继承开始后，按照法定继承办理；有遗嘱的，按照遗嘱继承或者遗赠办理；有遗赠扶养协议的，按照协议办理。”因此，设立一份有效的遗嘱可将法定继承程序变为遗嘱继承。

根据《最高人民法院关于贯彻执行〈中华人民共和国继承法〉若干问

题的意见》第四十二条规定：“遗嘱人以不同形式立有数份内容相抵触的遗嘱，其中有公证遗嘱的，以最后所立公证遗嘱为准；没有公证遗嘱的，以最后所立的遗嘱为准。”存在不同形式遗嘱时，公证遗嘱效力优先。同时，司法部牵头建立的全国公证遗嘱备案查询平台基本实现全国联网，可供继承案件的承办公证员查询。因此，公证机构能够确认哪份公证遗嘱为生效遗嘱，可作为办理遗嘱继承的依据。但是，公证机构难以确定哪份自书遗嘱或代书遗嘱为立遗嘱人的最后一份生效遗嘱，公证机构往往也因无法确认自书遗嘱或代书遗嘱的效力，而将遗嘱继承转为法定继承。

方法❸ ➡ 独生子女可否有诉讼继承的机会?

单纯从解决“无被告可诉”的问题，我们认为是可以的。若谭泽秋的父母亲存在第二顺序继承人的情况下，第二顺序继承人可以提起对谭泽秋父母遗产的继承纠纷诉讼，因此就解决了“无被告可诉”的问题。如果谭泽秋的父母亲不存在第二顺序继承人的情况下，根据《中华人民共和国继承法》第十四条规定，可以由非继承人对被继承人扶养较多的人提起遗产诉讼，同样也可以解决“无被告可诉”的问题。

如果谭泽秋的父母生前立下遗嘱并在遗嘱中列明财产清单，那么独生子女可直接按照遗嘱继承遗产，就不会产生谭泽秋遭遇的后续一系列困境。由此可见，立遗嘱是多么重要的事情，否则人走了，还给继承人留下一系列棘手的难题。

方案 2
运用保险来抵御各种风险，减免各种不确定性，并将财富传承落到实处

适用于 ➔ 独生子女家庭均可适用。

人的一生中，从0岁的孩子到100岁老人，需要不断去跨越面临的健康风险，这是生命规律。

生、老、病、死、残……这是对人性巨大的挑战。人们只愿意谈“生”，这意味着一个新生命的到来，但没有人愿意主动去谈“老、病、死……”，这意味着生命受到了严峻的挑战，因此，也变成了人们口中不愿谈论的“禁忌”。然而，不去谈，不面对，并不代表风险的不发生。

意外的不期而至、疾病的困扰，已经让许多家庭饱受痛苦。

健康风险其实是叠加风险

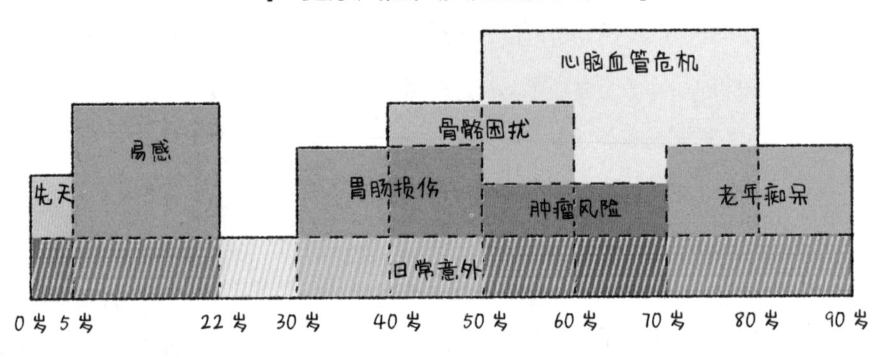

从过去10年的理赔大数据不难看出，35～45岁成了重疾理赔最高发的年龄段。然而，这个年龄段却是人生最宝贵的阶段，孩子可能还在上大学，或是刚刚接触社会，父母尚在但已年老……

从年龄分布来看，35～45岁人群赔付最多

- 35～45岁青壮年投保人群重疾理赔最多，占比47%；
- 低年龄段男性理赔多，18岁后女性理赔明显增加；
- 重疾年赔付率：随投保年龄上升而上升，50岁以上投保人群赔付率显著升高。

不同投保年龄被保险人重疾理赔金额（万元）与重疾年赔付率（万分之一）

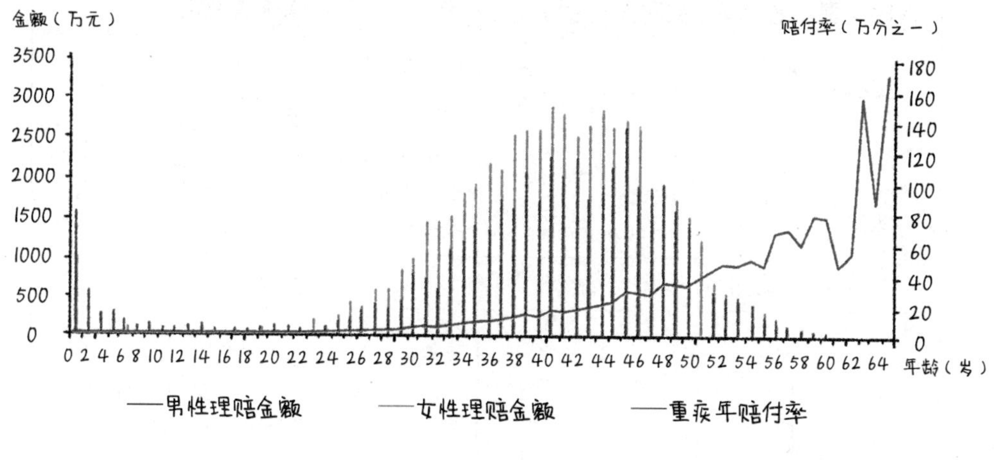

（图片数据来源：2017年度太平人寿理赔报告）

正如本案的主人公谭泽秋，事业刚刚起步，小家刚刚建成，就不得不面对父辈要与重疾“斗争”的痛苦。然而更不幸的是，至亲先后因为健康问题和意外事故，相继离开了人世。面对巨额的财产，谭泽秋继承“无望”，甚至因为“无被告可诉”，在反反复复的“求证”过程中，也极容易陷入“绝望”的境地。

那么，谭泽秋的父亲谭云高，生前应该做哪些保险规划，以规避健康风险、人身风险和继承风险呢?

谭云高虽然是印度尼西亚华侨，但其自己的资产大部分都是在中国境内获得的，其儿子谭泽秋一直在国内工作、生活。因此，需要在中国境内对自己的房产以及其他财富（包括现金）进行预先规划和部署。

实际上，对于企业主而言，做好财富保全和传承计划，并非是单一的手段或金融产品就可以圆满解决，更多需要一个完整的组合方案，比如：

（1）完善财务手续，杜绝挪用企业资产行为；

（2）定期从公司分红，固定资产的权属性质；

（3）必要时就家庭重要资产进行安全处置；

（4）部分资产可以通过赠与或转让方式给子女、父母或其他亲属；

（5）通过家族信托、人寿保险等金融工具进行部分资产隔离。

谭云高一家的保险方案

保障类型	投保人	被保人	受益人	保障配置说明
重疾险	谭云高	谭云高	谭泽秋50% 阮蓉珍50%	规避因重疾风险来临带来家庭原有储蓄的损失。通常重疾的保障是年收入的5倍
寿险	谭云高	谭云高	谭泽秋50% 阮蓉珍50%	可以规划500万元左右的寿险，万一在打拼事业的阶段发生了人身意外风险，孩子和家人都可以得到较为周全的照顾
	谭云高	阮蓉珍	谭泽秋100%	规划200万元的寿险
高端医疗险（全球医疗）	谭云高	谭云高	——	考虑谭云高的商旅活动范围比较广，可以为自己规划高端医疗险，这样在全球任意国家都可以享受预约直通车，随时得到更及时、更高品质的医疗服务，包括专属服务通道、绿色预约电话、医院陪同就诊服务、药品直送及海外就医，全球紧急医疗救援及转运等保障的全面覆盖，每年医疗报销的额度高达800万元，全年7×24小时不间断医疗咨询与双语服务。同时，自动续保至80周岁，还有保证续保的条款，充分体现了客户的尊贵性
意外险	谭云高	谭云高	谭泽秋50% 阮蓉珍50%	规划1000万元以上的意外险保障，覆盖普通意外险，航空、火车、轮船、公共交通、营运车辆、驾乘私家车等交通意外、自然灾害、普通意外，以及因意外导致的手术或是门诊，都能得到理赔
	谭云高	阮蓉珍	谭泽秋100%	
年金险	谭云高	谭泽秋	阮蓉珍100%	将一部分现金资产，在谭泽秋结婚前，通过年金险的方式，作为婚前资产的赠与，既实现了财富传承，又是一笔指定信托资产

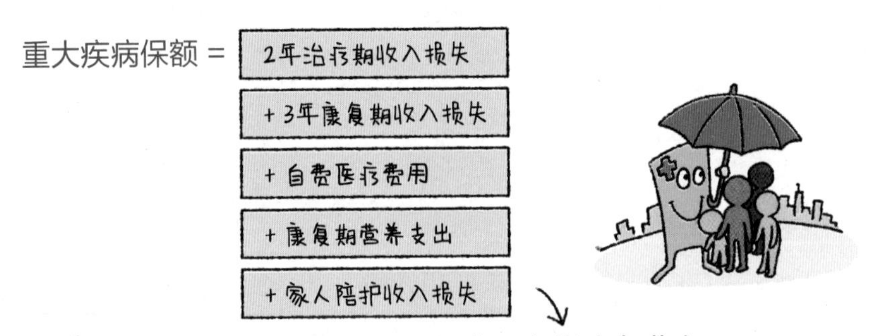

本节案例
所涉及的法律依据及相关解释

法·律·规·定·及·司·法·解·释

1 遗产的继承顺序与范围的约定

《中华人民共和继承法》

● 第十条：遗产按照下列顺序继承：第一顺序：配偶、子女、父母。第二顺序：兄弟姐妹、祖父母、外祖父母。继承开始后，由第一顺序继承人继承，第二顺序继承人不继承。没有第一顺序继承人继承的，由第二顺序继承人继承……

● 第十四条：对继承人以外的依靠被继承人抚养的缺乏劳动能力又没有生活来源的人，或者继承人以外的对被继承人抚养较多的人，可以分给他们适当的遗产。

2 关于遗产的继承手续的部分规定

《中国人民银行、最高人民法院、最高人民检察院、公安部、司法部关于查询停止支付和没收个人在银行的存款以及存款人死亡后的存款过户或支付手续的联合通知》

● 第二条：关于存款人死亡后的存款过户或支付手续问题第一款规定：存款人死亡后，合法继承人为证明自己的身份和有权提取该项存款，应向当地公证处（尚未设立公证处的地方向县、市人民法院，下同）申请办理继承权证明书，银行凭以办理过户或支付手续。如该项存款的继承权发生争执时，应由人民法院判处。银行凭人民法院的判决书、裁定书或调解书办理过户或支付手续。

《不动产登记暂行条例实施细则》

● 第十四条：因继承、受遗赠取得不动产，当事人申请登记的，应当提交死亡证明材料、遗嘱或者全部法定继承人关于不动产分配的协议以及与被继承人的亲属关系材料等，也可以提交经公证的材料或者生效的法律文书。

本节关键词

法律关键词　继承法　公证法　不动产登记条例　遗嘱

理财关键词　不动产　现金资产　资产传承　企业分红　信托保险

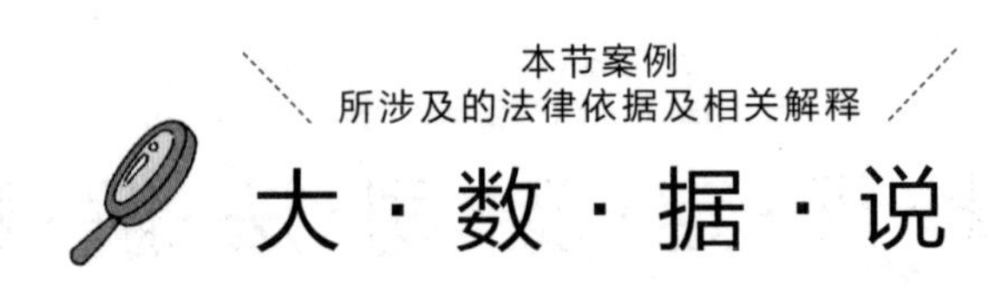

笔者在聚法案例库检索“案由：遗嘱继承纠纷”“审判年份：2017 年” 查得 599 份涉及遗嘱的继承案例。从遗嘱的效力上看，有 80 份遗嘱被法院认定为无效遗嘱，不能成为继承的依据；有 34 份遗嘱被法院认定为部分无效；还有 8 份遗嘱在审判监督程序中被认为遗嘱效力不明需再审查明。也就是说在整个研究样本中有 19.03% 的遗嘱被人民法院认定为无效或部分无效，仅有 79.63% 的遗嘱最终得以实现遗嘱人的遗愿。

2017 年遗嘱效力占比

（数据来源：笔者依聚法案例整理）

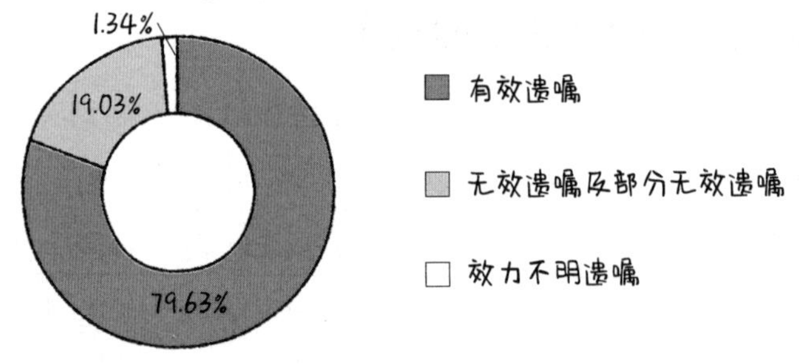

我们更进一步研究发现，在 171 份自书遗嘱中，有 17 份遗嘱被人民法院认定为无效，有 13 份遗嘱被人民法院认定为部分无效，合计有 17.54% 的自书遗嘱被人民法院认定为无效或部分无效遗嘱，无法实现传承目的。

2017 年自书遗嘱效力占比图

（数据来源：笔者依聚法案例整理）

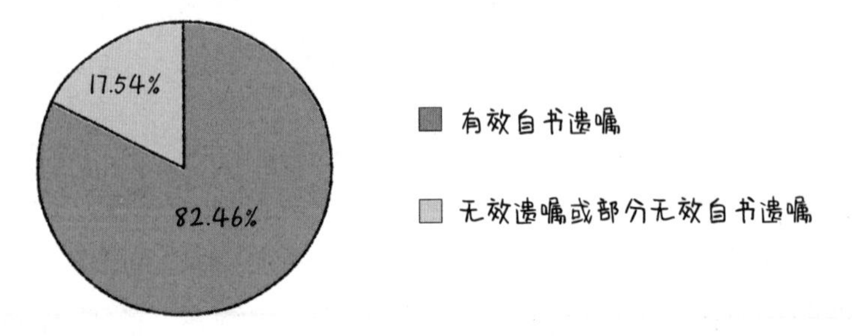

在197份代书遗嘱中，有44份遗嘱被人民法院认定为无效；有13份遗嘱被人民法院认定为部分无效，合计有28.93%的代书遗嘱被人民法院认定为无效或部分无效遗嘱，无法实现遗嘱人的心愿。

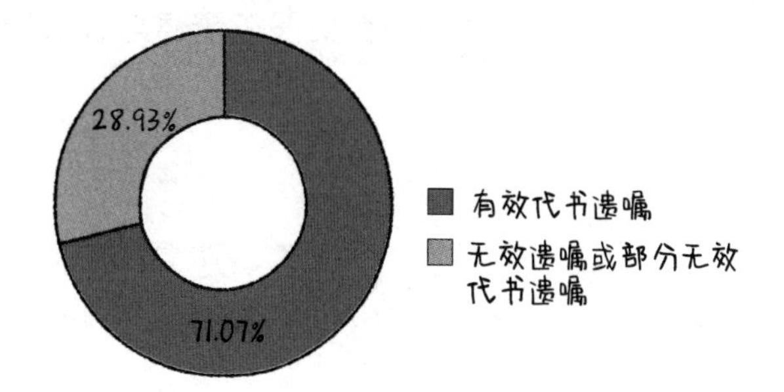

在154份公证遗嘱中，有8份遗嘱被人民法院认定为无效；有3份遗嘱被人民法院认定为部分无效，合计有7.14%的公证遗嘱被人民法院认定为无效或部分无效遗嘱，无法实现遗嘱人的财富传承安排。

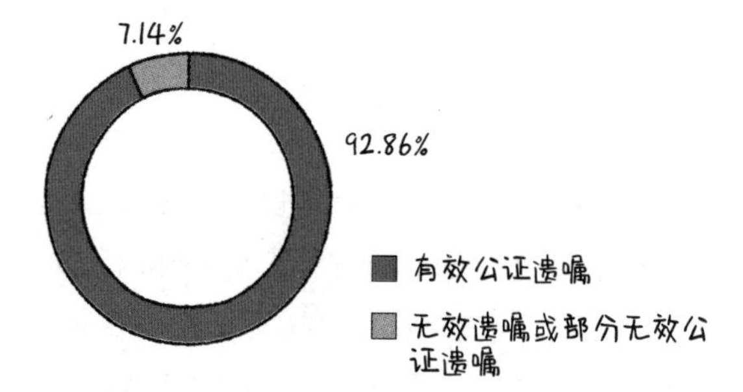

由此可以发现，代书遗嘱的无效比率是最高的；其次是自书遗嘱；最后是公证遗嘱。我们认为这种现象的出现，主要是由于法律对不同遗嘱形式要件的要求不同所致：

（1）代书遗嘱的法定形式要件要求高于自书遗嘱，不仅要有代书人，还须有见证人，对于见证人不仅有资格限制还有最低见证人数要求，并且需要见证人全程参与见证并签署；

（2）自书遗嘱只需要遗嘱人亲笔书写、签名、注明年月日；

（3）而公证遗嘱则由公证机关办理，由公证员全程见证遗嘱人意思表示、遗嘱形成及遗嘱签署。因有专业法律人士的参与，所以公证遗嘱有效比率最高。

案例
4-5

股东资格的争夺战

——如何将企业股东资格与股权顺利传承给下一代？

案例重现

（本案例中的名字均为化名，如有雷同，纯属巧合）

张爱国从20世纪90年代初开始经营一家乡镇皮革工厂。通过20多年的努力，将这家小厂打造成总资产近20亿元的大公司——阳光有限责任公司。

2006年，张爱国的独子，年仅22岁的张峰大学毕业后就进入了公司。

然而日复一日、年复一年的高强度工作让张爱国积劳成疾，就在张峰进入阳光公司的第二年，张爱国突发心脏病，经医院抢救无效，不幸去世。还在公司基层锻炼的张峰继承了张爱国生前持有的阳光公司38%的股权，但其他五位股东私下里商量着将其摒除在外，并想低价把张峰手里的股权买过来。他们召开了股东会，全票否决了张峰继承张爱国股东资格的议案。

张峰原本打算将父亲付出了一生心血的阳光公司发扬光大，但照现在的情况，还不如按其他股东提出的，将自己手里的股权给卖了。仔细阅读了五位股东草拟好的股权转让协议后，张峰觉得他们的出价实在很低，便一时没有答应。

张峰找了朋友对自己持有的阳光公司的股份进行估值，发现其他股东的出价还不到估值的一半。愤怒的张峰跑到公司去对质，却遭其他股东冷嘲热讽，并表示别人也不会出正常的价格。果然，其他买家一听说张峰是继承得到的股权，并且未取得股东身份，大家都想趁机压价。

悲愤的张峰找到专业律师咨询。律师告诉张峰，如果公司章程没有相反的规定，他是可以继承父亲的股东资格的。通过查阅阳光公司的公司章程，张峰发现公司章程里并没有条款限制自己继承父亲的股东资格。于是，张峰向法院提起诉讼，请求法院判决确认自己的股东资格。

一审法院经审理认为：有限责任公司作为具有人合性质的法人团体，股东资格的取得必须得到其他股东作为一个整体即公司的承认或认可。有限责任公司的自然人股东死亡后，其继承人依法可以继承的是与该股东所拥有股权相对应的财产权益，并不能当然成为公司的股东。如果公司章程规定或股东会议决议同意该股东的继承人可以直接继受死亡股东的股东资格，在不违背相关法律规定的前提下，才能确认该股东的继承人具有公司的股东身份。本案中，阳光公司的公司章程中并未规定自然人股东死亡后，其继承人可以直接继受死亡股东在公司的股东资格；并且股东会决议也否决了张峰继承张爱国股东资格的议案。因此，张峰无权继承张爱国的股东资格。一审法院最终判决驳回张峰的诉讼请求。

张峰不服一审判决，向二审法院提起上诉。二审法院认为：阳光公司系有限责任公司，张爱国生前持股38%，因张爱国死亡，故发生股权继承问题。《中华人民共和国公司法》第七十五条规定："自然人股东死亡后，其合法继承人可以继承股东资格；但是，公司章程另有规定的除外。"就继承人继承死亡股东的股东资格问题，公司章程在不排除《中华人民共和国继承法》有关继承顺序的规则或者对其进行变动的情况下，可以对股权的继承做出一定限制。在阳光公司章程中并未对股权继承问题进行任何约定的情况下，一审法院判决驳回张峰的诉讼请求，适用法律有误，处理结果亦不当，应予纠正。因此，二审法院撤销了一审判决，改判确认张峰的股东资格。

人物关系

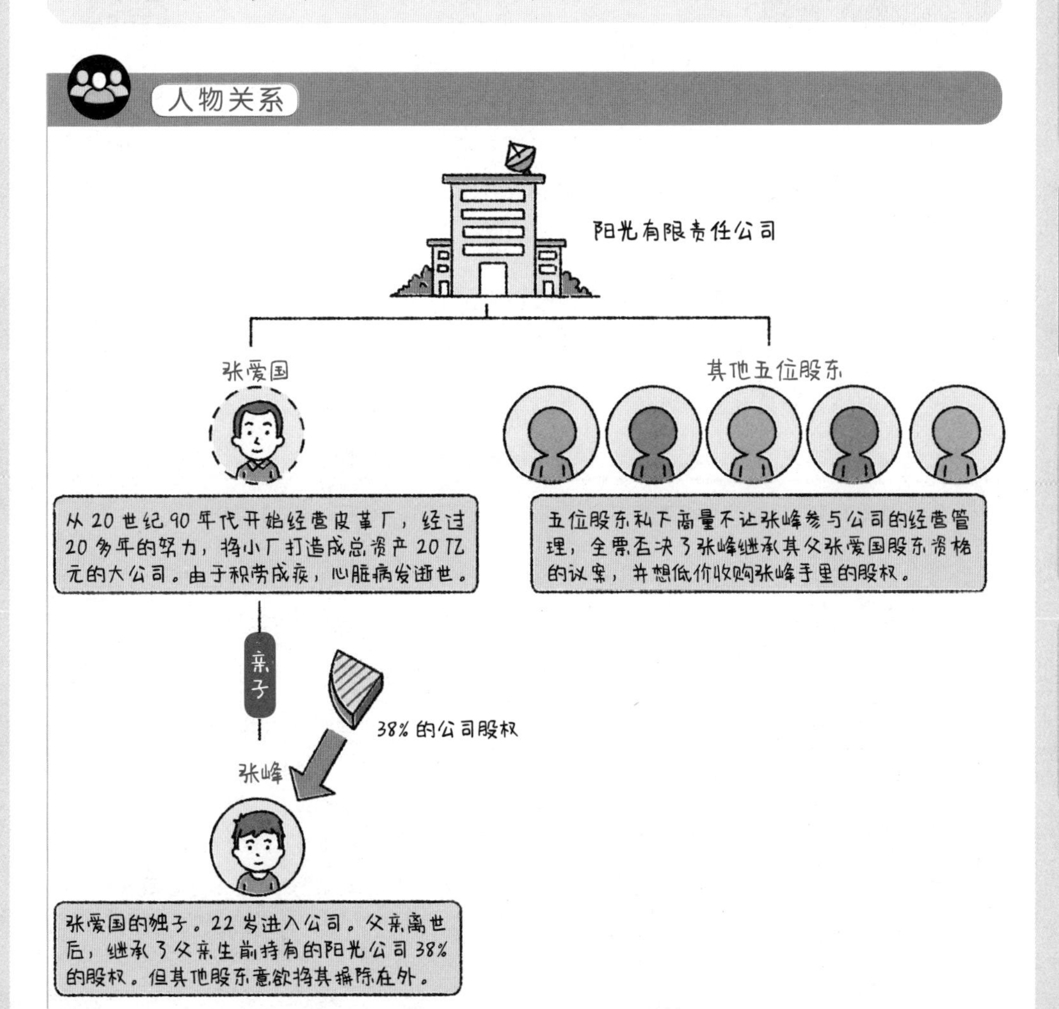

本案风险点

公司的管理制度不够完善

本案的核心问题在于张爱国忽然身故后，众人在股权的继承上产生分歧。张爱国用 20 多年的时间将一家小厂做成一家总资产近 20 亿元的大公司，作为股东的一员，却疏忽了建立完善的制度将资产有效保护起来。

为了避免纠纷，股东在制定章程时应充分考虑股权的继承问题，事先约定继承办法。

律师说“法”

有限责任公司股东资格的继承

我国《中华人民共和公司法》第七十五条规定，自然人股东死亡后，其合法继承人可以继承股东资格；但是，公司章程另有规定的除外。可见，一般情况下，继承人是可以继承股东资格的。但是，如果公司章程另有规定，则继承人对股东资格的继承可能会受到限制。

遗产继承是财产转让的合法形式之一。根据《中华人民共和国继承法》的规定，遗产是公民死亡时所遗留的个人合法财产。而股权就其本质属性来说，既包括股东的财产权，也包括基于财产权产生的身份权即股东资格，该身份权体现为股东可以就公司的事务行使表决权等有关参与公司决策的权利。就股权所具有的财产权属性而言，其作为遗产被继承是符合我国现行法律规定的。而股东资格的继承问题，则有必要在《中华人民共和公司法》中做出规定。《中华人民共和公司法》第七十五条的规定提供了股权继承的一般原则，即自然人股东的合法继承人可以继承股东资格。同时也允许公司章程作出其他安排。

自然人股东的合法继承人可以继承股东资格。这样规定一方面考虑到股东身份即股东资格是基于股东的财产权而产生的，一般来说，其身份权应当随其财产权一同转让；另一方面也考虑到被继承人作为公司的股东，对公司曾做出过贡献，其死后如无遗嘱另作安排，由其法定继承人继承其股东资格有合理性，也符合我国传统。国外一些国家的《中华人民共和公司法》也明确了股份可以继承的基本原则。如法国规定公司股份通过继承方式自由转移；德国规定股份可以出让和继承。

允许公司章程另行规定股东资格继承办法，主要是考虑到有限责任公司具有人合性，股东之间的合作基于相互间的信任。而自然人股东死亡后，其继承人毕竟已不是原股东本人，股权实质上发生了转让。在此情况下，其他股东对原股东的信任并不能自然转变为对继承人的信任，如果他们不愿意与继承人合作，可能导致股东之间的纠纷，甚至形成公司僵局。为此，从实际出发，我国公司法允许有限公司的章程规定股东认为切实可行的办法，解决股东资格继承问题。比如规定，当股东不同意某人继承已死亡的股东的资格时，可以采用股权转让的办法处理股权继承问题等。从国外来看，也有此类规定，如法国公司法虽然规定股份继承是一般原则，但同时还规定，"章程可以规定，继承人只有在按照章程规定的条件获得同意后，才可成为股东"；德国股份法在规定股份可以继承，允许死亡股东的财产执行人或管理人请求公司购买其股份的同时，也不禁止制定有关股东死亡时股份购买事宜的任何协议。

从我国目前公司实践看，有关股东资格继承的纠纷呈上升趋势。为避免纠纷，股东在制定章程时应充分考虑股权的继承问题，事先约定继承办法。应当注意，公司章程只能限制继承人继承股东资格，不得违反继承法的基本原则，剥夺继承人获得与股权价值相适应的财产对价的权利。公司章程对股东资格继承的限制，也只能以合理为标准。这种合理，应当体现为公司利益、其他股东利益、已死亡股东生前的意愿及其继承人的利益之间的协调与平衡。至于公司章程中未约定继承办法的，应当按照《中华人民共和公司法》第七十五条规定的一般原则由继承人继承死亡股东的股东资格。

突如其来的健康风险和财富风险

二十年如一日的辛劳拼搏，张爱国积劳成疾，结果就是忽然重病去世，导致了身后一系列未曾想到的问题出现。张爱国只把精力花在了创富，却忽视了守富和传富这两个更关键的层面，否则无论财富创造了多少都并不等于是自己的。健康风险让张爱国突然离世，自然也没有机会让他考虑如何将财富传承给胸有志向的下一代了，财富风险接踵而至。

解决方案

针对上面总结的两个风险点，我们从法律和理财的方面来分析思路、着手解决方案。

首先，即使按照公司法的规定，法院已经判定，儿子张峰是可以继承股东的资格，但是在企业实际经营时，年少的张峰依然少不了会碰到以前股东设置的阻碍。建议在张爱国健康的时候，请专业的法律顾问，在股东协议或者公司章程方面，以明确条款的形式做好完全的准备。

其次，针对人身疾病风险的不可预测性，我们可以通过保险的方式帮助张爱国把不确定性变成确定性。重疾险、医疗险，意外险和寿险，完整的保障系统已经足够帮助一个人将主要的人身疾病意外风险转移出去。

最后，在张爱国 20 多年的不断打拼当中，如果能够随着企业资产的不断壮大，将其中一部分属于他个人的分红，通过保险的方式将这部分现金类的资产保留下来，就不至于因为自己的突发意外而导致儿子和家庭失去保护。

方案 1 企业传承应结合继承人意愿及能力条件选择接班方案

适用于 → 需要将企业传承给下一代接班的企业主。

老一辈企业家卓越的企业经营能力是在数十年的商海搏杀之中练就的。数十年的阅历经验积累，让企业家具备敏锐的商业判断能力、良好的人脉关系、社会资源的整合能力和睿智圆滑的处事方法，让企业家有足够的领导力带领企业在商海中奋勇向前发展。然而老一辈企业家自身所拥有的各项综合能力，并非二代接班人在知名高校读个文凭就可以赶上的，特别是企业经营，既涉及公司与外部关系的处理，又涉及公司内部（股东间、高管间）的利益纠纷处理，稍有不慎就会导致企业经营困难。

老一辈企业家应仔细考察继承人是否具备接班的意愿，是否具备接班的能力。在具备接班能力的情况下，如何为其安排接班的班底助手等为扶其上马送一程；如果继承人无接班意愿或者不具备接班能力的情况下，则要考虑更换接班人，或者变更传承方式、降维传承等。

情况 1 ➡ 继承人愿意接班且有接班能力

① 考察公司章程是否对继承人接班成为股东存在限制性规定，如有，则需趁老一辈企业家还掌握公司话语权的时候进行修改；或者考虑变更公司股权结构，将老一辈企业家自己所持股权装入信托或设立独资公司代持股，避免身故或意外对公司经营的影响。

② 及时设立遗嘱，指定其所持公司股权的继承人，避免继承人内部纷争，导致股权过分分散而丧失公司控制权。

③ 及时安排继承人进入公司管理层，为接班人安排一系列的助手，了解公司的运作、财务状况等。

情况❷ ➡ 继承人不愿意接班

① 因继承人志不在此，故需要另行考察非继承人接班人，选定合适的非继承人接班人后，可以考虑变更股权结构，让继承人成为公司的财务投资者分享公司经营的收益；

② 或者选择合适的时机出售公司。

情况❸ ➡ 继承人愿意接班但接班能力不足

① 根据继承人的接班能力，变更公司的业务结构或方向，降低企业的经营难度；

② 继承人愿意接班但接班能力不足时，可以为其配备合适的助手。

方案 2 通过系统的保险保障方案，转移人身疾病风险，保护财产安全

适用于 → 忙于创造财富而时常疏忽自身健康的家庭。

保险中的保，对于一个家庭的资产来说，是起到了两个方面的保护作用：第一是预防亏损更多的钱。当遇到生病需要大额的治疗费用，没有办法继续从事原来的工作而产生的收入损失，这部分亏损的费用可以通过人身保险来补充；第二是保护资产的安全。当我们赚了更多的钱，创造了更多的收入，若想要这些钱本金安全并且还能够通过复利增长，不受其他的任何事项的干扰、作为自己专属权利传承下去，那么这就是保险的第二个作用。

绝大多数的中国企业家都懂得如何做“进攻型投资”，但却不知道还有另一种投资，叫作“防御型投资”。最标准的防御型投资就是保险！这就是为什么西方有非常多的企业家和家族都是一旦富有，终身富有。

合理的资产配置

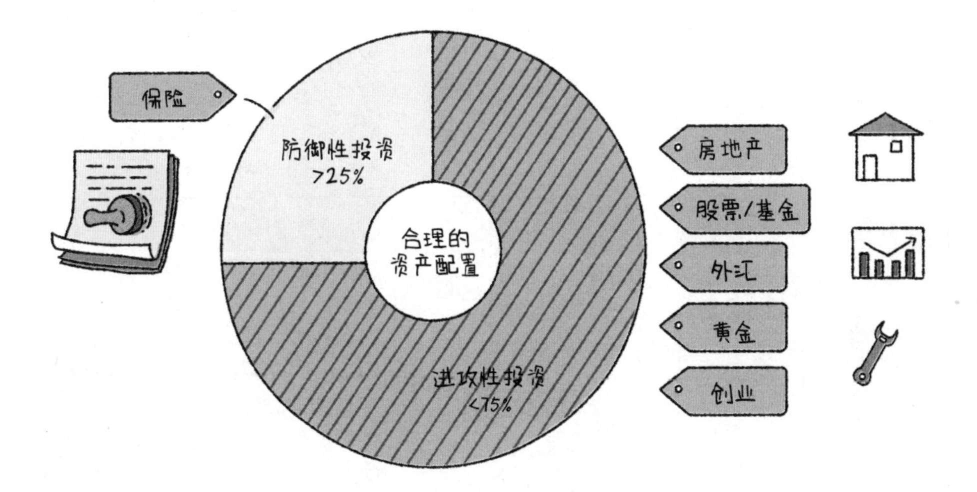

张爱国需要传承的不仅仅是企业（股权），还有自己的身家，以及不受企业经营风险影响的保障性资产。

张爱国的保障规划

保障类型	投保人	被保人	受益人	保障配置说明
重疾险	张爱国	张爱国	爱人50% 张峰50%	规避因重疾风险来临带来家庭原有储蓄的损失。通常重疾的保障是年收入的5倍
	张爱国	张峰	爱人50% 张爱国50%	
寿险	张爱国	张爱国	张峰100%	作为企业主，无论是从防御资产配置，还是从身价的尊贵性来考虑，寿险都是标配之一。以年收入的10倍作为寿险的保额，当发生风险时，寿险不仅是生命再次延续的呈现，同时也给子女创造了一笔免税、无争议的现金资产
医疗险（全球医疗）	张爱国	张爱国	—	张爱国可以为自己规划全球医疗险，在全球顶尖医疗机构获得高品质的医疗救治，每年报销的额度可以高达600万～1800万元
意外险	张爱国	张爱国	爱人50% 张峰50%	以年收入的10倍作为自己规划意外险的保额，将风险转嫁给保险公司。可以为自己规划300万元的意外险，包括航空、火车、轮船、公共交通、营运车辆以及驾乘私家车等交通意外、自然灾害、普通意外，以及因意外导致的手术或是门诊，都能得到理赔
	张爱国	张峰	爱人50% 张爱国50%	
年金险	张爱国	张爱国	爱人50% 父母50%	张爱国通过配置年金险，为自己规划专属养老金，同时也是留给爱人、留给父母的最温暖的爱
	张爱国	张峰	张爱国100%	每年提取企业分红的一部分，为孩子规划年金险，相当于给孩子开设了一家“永不打烊”的现金流企业。即使实体企业的经营受到影响，这笔安排给孩子的专属资产并不会“缩水”，反而具备了长期稳健升值的特性

本节案例
所涉及的法律依据及相关解释

法·律·规·定·及·司·法·解·释

■ 关于股东资格的继承

《中华人民共和国公司法》

● 第七十五条：自然人股东死亡后，其合法继承人可以继承股东资格；但是，公司章程另有规定的除外。

《中华人民共和国公司登记管理条例》

● 第三十四条第 2 款：有限责任公司的自然人股东死亡后，其合法继承人继承股东资格的，公司应当依照前款规定申请变更登记。

本节关键词

法律关键词 公司法 继承法

理财关键词 股权投资 资产传承 防御型资产

本节案例
所涉及的法律依据及相关解释

大·数·据·说

哈佛大学的调查统计数据表明：30% 的家族企业可以成功传承到第二代；传承到第三代的概率只有 12%；传承到第四代的概率只有 3%。一项对全球 5000 家家族企业的研究发现，企业掌门人的突然死亡会给企业带来 30% 的业绩下挫影响，而配偶或者孩子的死亡则会带来 10% 的业绩下挫影响。[1] 一项对 250 家中国香港地区、中国台湾地区以及新加坡家族企业传承的研究发现，这些企业在所有者交接班过程中都蒙受了巨大的损失，在新旧掌门人交接年度及此前的 5 年，家族上市公司的市值在扣除大市变动后平均蒸发近 60%。[2]

近年来，因股权继承产生的纠纷越来越多。通过无讼检索与继承股东资格相关的案例共有 327 个。这些纠纷轻则影响公司股权结构，重则影响公司重大经营决策、破坏公司内部治理。因此，提前防范因股权继承问题发生的风险，不仅对于股东个人的财富传承具有重要意义，对于整个公司的发展也至关重要。

[1] The Downsides:How Families Can Cause Trouble for Their Firms,Economist（《经济学人》），2015-04-18. 转引自龚乐凡 . 私人财富管理与传承 [M]，北京：中信出版社，2016.

[2] 范博宏 . 交托之重 [M]. 北京：东方出版社，2014. 转引自龚乐凡 . 私人财富管理与传承 [M]，北京：中信出版社，2016.

Chapter

第 5 章

涉外婚姻管理

案例
5-1

洋女婿分走岳母毕生积蓄的一半

——如何避免涉外婚姻在离婚时己方财产被外籍一方分割？

案例重现

（本案例中的名字均为化名，如有雷同，纯属巧合）

苏颖生于单亲家庭，她妈妈是一家国企的高管。大学毕业后，苏颖在妈妈的支持下到美国继续深造。在温室长大的苏颖只身到了国外，很是害怕。还好有一个学长吉姆一直非常关照苏颖。自然地，两人就走到一起了。

同学告诉苏颖吉姆没责任没担当，但恋爱中的苏颖根本听不进。

恋爱一年后的某天（2011年），苏颖突然发现自己怀孕了。苏母得知苏颖怀孕后，非常生气，让苏颖立马回国。从小听话的苏颖偕着吉姆在苏母跟前软磨硬泡了三个月，终于说服了苏母同意两人结婚。但苏母始终对这个洋女婿心怀芥蒂，坚持要两人在北京登记并举行婚礼。

婚后，苏颖回美国继续完成学业，吉姆也回到美国找到一份工程师的工作，每月收入5000美元。起初吉姆对苏颖百般依顺，可渐渐地就变了样，不做家务，脾气也变得暴躁。当苏母知道苏颖受到这样的委屈，心疼得不得了，于是向单位申请提前退休到美国照顾苏颖。2012年3月，苏颖诞下一子杰森，吉姆对苏颖的态度也有了好转。谁知一年后苏母却查出一种罕见的疾病，必须回国治疗。苏颖便和吉姆商量一起陪苏母回中国生活。

2013年3月，三人回到中国，苏颖开始在一家国有银行做投资理财顾问，每月有20000元，上班时间也相对自由能照顾到母亲。吉姆则在一家外资企业做工程设计，每月固定收入25000元。由于苏母在北京的房子只有60平方米，吉姆很不适应，便盘算着在朝阳区买一套90平方米左右的房子。但吉姆的工资都用来维持生计，并无积蓄。苏颖跟着同事炒股赚了50万元，可是距首付款150万元还很远，苏母心疼女儿，便拿出自己的积蓄帮苏颖凑够了首付款，条件是该房屋要登记在苏颖名下。二人约定用吉姆的工资每月还房贷1.5万元，苏颖的工资就用作贴补家用。因为长期生活在中国，吉姆自2013年5月起将其位于曼哈顿的房屋租了出去，每月收取租金800美元，由租客按年为周期汇入吉姆在美国的银行账户上。

由于文化差异越来越明显，以及教育孩子的观念不同，二人经常吵架。苏母也和吉姆矛盾丛生。2015年3月，吉姆称要回美国一段时间，办理一些事务。此后便一直推延回到中国。

2016 年 12 月，苏母病重，她担心自己的财产落入吉姆的手中，想着立下遗嘱指明自己的遗产由苏颖个人继承、不属于其夫妻共同财产。但苏母已无法自己书写遗嘱，她想到邀请两位律师作为见证人，可最终没有等到律师到达病房就辞世了。苏颖伤心不已，可吉姆竟连苏母的葬礼都未出席。苏颖心灰意冷，她多次要求与吉姆协议离婚，但吉姆坚决不同意。

就在苏颖准备到国外散心的时候，她收到一张法院传票，原来吉姆已经回国，并向法院提起诉讼，称自己与苏颖感情已经破裂，请求法院准予二人离婚，同时请求分割夫妻共同财产，包括：（1）苏颖在婚姻存续期间工资所得以及投资所得，共计 110 万元人民币；（2）苏颖从其母亲处继承的遗产共计 300 万元人民币；（3）登记在苏颖名下的北京朝阳区的房产。

最终，法院认定夫妻感情确已破裂，准予离婚；双方对婚姻存续期间的夫妻共同财产（包括苏颖的继承所得）享有平等分割的权利。苏母辛苦一辈子攒下的积蓄，就这样被这个外来的洋女婿分走了一半。

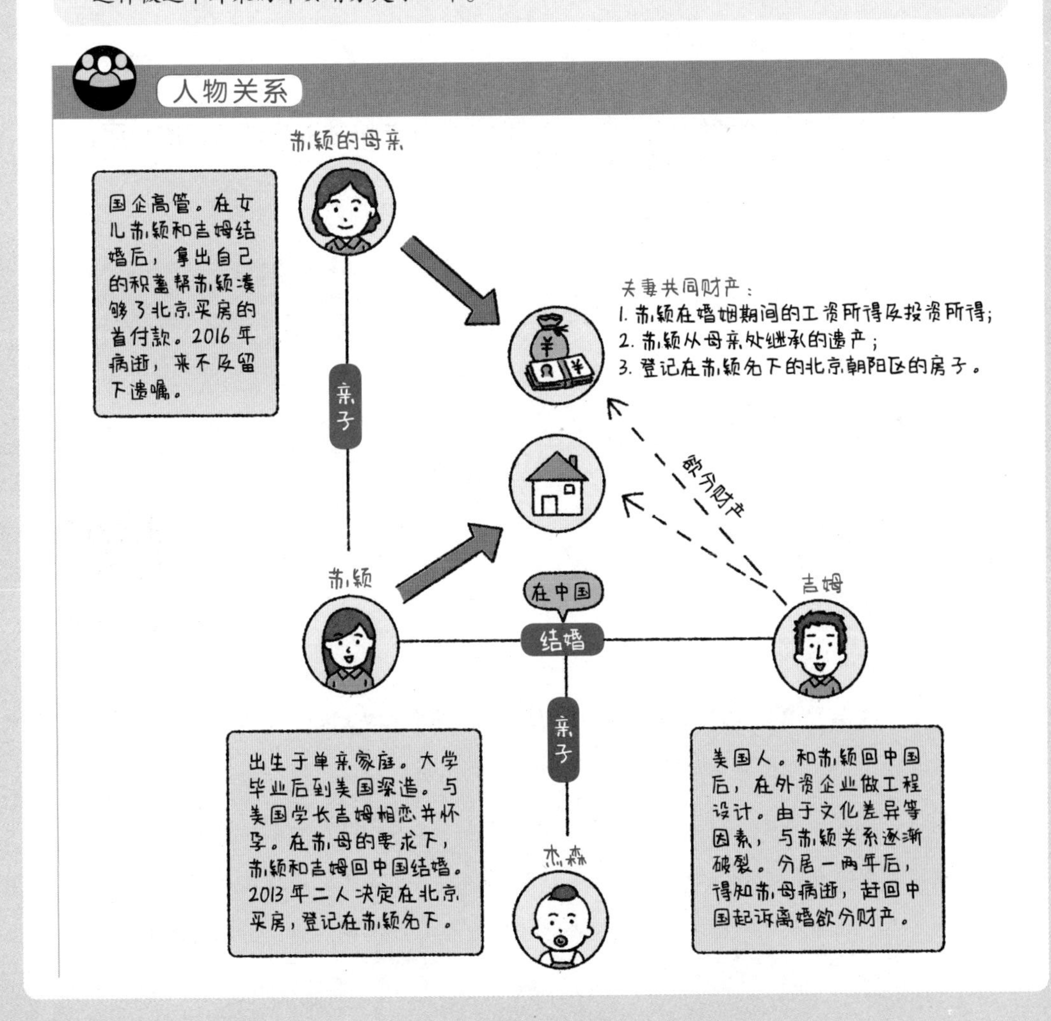

本案风险点

遗嘱规划应该是每个家庭必备的基础财务规划工具，而不应临时抱佛脚

从本案发展的过程可以看出，苏颖的母亲在病重之后，已经想到了通过遗嘱规划的方式来保全自己的财产，希望将自己的财富全部留给女儿作为女儿的个人财产。可是，最后却因身体熬不过疾病而功亏一篑，导致了“有想法却没能及时完成”的遗憾。

家庭财产规划不是一朝一夕就能完成的，一份相对周全的规划往往需要综合考虑到各方各面。而生活中还可能会发生疾病和意外等不可预计、不可抗力的突发情况，这些都有可能导致计划中的财产规划没有变化来得快。然而因为家庭理财的基础知识普及有限，绝大多数家庭通常都是等事情已经发生了，才想起来亡羊补牢，极少数家庭会做到未雨绸缪，防患于未然。

父母想将财富留给自己的后代，但是如何安排才能实现自己的心愿，人们往往缺少这方面的财商知识

苏母心疼女儿，当女儿女婿想在北京买房时，苏母用自己的毕生积蓄给女儿添置新房。尽管苏母已经明确要求该房屋登记在苏颖的名下，但是因为在用于买房的全部首付款中，女儿付出的部分是婚后个人收入，已经属于夫妻共同财产，并且此后女婿承担了偿还贷款的实际义务，因此表面上这套房是在女儿一个人的名下，却不等于这套房就是女儿的个人财产。

律师说“法”

涉外离婚财产分割

（1）涉外婚姻是否适用夫妻共同财产制

本案属于涉外离婚纠纷，其争议焦点首先是准据法问题，所谓准据法是指涉外民事法律关系中，应作为裁判依据的法律，准据法有可能是中国法，也有可能是外国法。本案第一个争议焦点是夫妻财产关系应适用的准据法。《中华人民共和国涉外民事关系法律适用法》第二十四条规定：“夫妻财产关系，当事人可以协议选择适用一方当事人经常居所地法律、国籍国法律或者主要财产所在地法律。当事人没有选择的，适用共同经常居所地法律；没有共同经常居所地的，适用共同国籍国法律。”《中华人民共和国涉外民事关系法律适用法司法解释（一）》第十五条规定：“自然人在涉外民事关系产生或者变更、终止时已经连续居住一年以上且作为其生活中心的地方，人民法院可以认定为涉外民事关系法律适用法规定的自然人的经常居所地，但就医、劳务派遣、公务等情形除外。”

苏颖和吉姆未就夫妻财产关系协议选择准据法，二人虽在北京缔结婚姻，但结婚时吉姆未在北京连续居住一年以上，苏颖亦未在美国连续居住一年以上，故双方并无共同经常居所地，且二人不存在共同国籍国。根据《中华人民共和国涉外民事关系法律适用法》第二条之规定，“……本法和其他法律对涉外民事关系法律适用没有规定的，适用与该涉外民事关系有最密切联系的法律”，本案应适用与涉外民事关系有最密切联系的法律，因离婚管辖法院、主要婚姻财产均在中国，据此，应该适用中国法律确定夫妻财产关系，即适用夫妻共同财产制度。

（2）离婚财产分割

本案第二个争议焦点在于离婚纠纷的财产分割问题，婚姻法规定夫妻双方的共同财产可以由双方协议处理，协议不成的，由人民法院根据财产的具体情况，照顾子女和女方权益的原则判决。

何为夫妻共同财产？根据婚姻法规定，夫妻在婚姻关系存续期间所得的财产如工资、奖金，生产、经营的收益，知识产权的收益，继承或赠与所得的财产（指明为个人财产的除外）以及其他应当归共同所有的财产，如一方以个人财产投资取得的收益、养老保险金、住房公积金等。

本案中吉姆请求分割的财产为：（1）苏颖在婚姻存续期间工资所得以及投资所得，共计 110 万元人民币；（2）苏颖从其母亲处继承的遗产共计 300 万元人民币；（3）登记在苏颖名下的北京朝阳区的房产。其中第（1）项，苏颖的存款是在婚姻存续期间工资所得以及投资所得完全符合夫妻共同财产的要求，大家都没有争议。但第（2）项财产为何也属于夫妻共同财产？根据《中华人民共和国婚姻法》规定，夫妻在婚姻关系存续期间所得的财产，包括继承或赠与所得的财产，归夫妻共同所有，除非遗嘱或赠与合同中确定只归夫或妻一方的财产。虽然苏母在病重时欲立代书遗嘱，但根据《中华人民共和国继承法》第十七条的规定，代书遗嘱要求两个以上与继承人无利害关系的见证人在场见证，由其中一人代书，注明年、月、日，并由代书人、其他见证人和遗嘱人签名。苏母连律师都没有见到，更别说代书遗嘱的订立了。所以，即便苏母、苏颖再怎么不愿把遗产分给吉姆，在这种情况下也无能为力了。其实，苏母既然早就不放心这个洋女婿，就应该在病重之前立好遗嘱。很多时候，我们不知道意外和明天哪个先到，凡事未雨绸缪总不会有错。

关于第（3）项北京市朝阳区的房子，是否属于夫妻共同财产，应该如何分割？从婚姻法角度出发，在夫妻关系存续期间购买的不动产，应认定为夫妻共同财产，但是根据《中华人民共和国婚姻法解释（三）》第七条的规定以及相关案例的法院判决情况，父母只支付不动产部分价款且不动产登记在出资人子女名下的情况下，该部分出资应视为对自己子女一方的赠与。因为苏母在赠与100万元给苏颖买房时，明确指出条件是房子仅登记在苏颖名下，所以房子首付款中的100万元及其增值部分属于苏颖个人财产。关于苏颖给付的50万元首付款，和吉姆偿还的贷款，本就属于夫妻共同财产，没有太多争议。即使不考虑吉姆作为外国人在北京持有房产有限制，考虑到该房产首付款苏母出资比例较高及现登记在苏颖名下，实践中房屋会倾向于判归苏颖所有，但苏颖需要自行偿还该房屋剩余贷款，并给付吉姆房屋折价款（扣除100万元首付款及其对应增值部分和剩余贷款后的房屋价值的50%）。

除吉姆主张的财产外，苏颖可以主张对婚姻关系存续期间吉姆的工资及投资收入、房租进行分割。大家可能会有疑问，房租是基于吉姆的婚前房产所得，为何会属于夫妻共同财产呢？《中华人民共和国婚姻法司法解释(三)》第五条规定，属于夫妻一方个人财产在婚后产生的收益，除孳息和自然增值外，应认定为夫妻共同财产。离婚案件中常见的孳息为银行存款的利息，常见的自然增值为房产的市值增长，而房租属于对房产经营所产生的经营性收益，属于夫妻共同财产。

离婚时，夫妻双方的婚前财产归各自所有，夫妻共同财产在实践中通常是遵循男女双方平等分割的原则，但并非笼统地一分为二，对于有些不能均等分割或有人身属性的财产可以作价补偿。另外，法院可能会根据财产的具体情况，照顾子女和女方的权益进行判决。

看完这个案例，大家难免会替苏颖感到不值，明明是男方没有担当，不仅不负责任地偷返美国未尽到作为丈夫和父亲应尽的责任，还理直气壮地要求分走女方辛苦挣得的财产及女方母亲遗产的一半。但这就是我国法律规定的现状，如要避免像苏颖这样的情况，需要在婚前婚后多一些规划和思考。

解决方案

那么，如何避免本案中的情况发生呢？爱情也许让人一时盲目，那么法律和理财这两种工具则能让人明目。

方案 1 签订婚前/夫妻财产协议约定使婚姻更纯粹；及时设立遗嘱避免财产因子女婚变遭分割

适用于 → 对于财产纠葛有风险意识的、婚姻关系较为复杂的家庭（也适用于一般家庭）。

步骤 1 ➡ 签订《中华人民共和国婚前/夫妻财产协议约定》使婚姻更纯粹。

为使男女双方的爱情婚姻更加纯粹，避免因财产纠葛使婚姻变成双方利益的角斗场、相互伤害，男女双方在婚前或婚内可以签订《中华人民共和国婚前/夫妻财产协议约定》，尤其是婚姻关系较为复杂的，比如涉外婚姻，那么双方可以对涉外夫妻财产关系准据法予以约定，并针对特定财产的归属进行约定，以及对婚内采取共同财产制或分别财产制等内容予以约定。如此一来，可以有效避免一些程序上、财产分割上的纠纷。

步骤❷ ➡ 及时设立遗嘱避免财产因子女婚变遭分割。

《中华人民共和国婚姻法》第十七条规定，“夫妻在婚姻关系存续期间所得的下列财产，归夫妻共同所有：……（四）继承或赠与所得的财产，但本法第十八条第三项规定的除外”，该法第十八条规定，“有下列情形之一的，为夫妻一方的财产：……（三）遗嘱或赠与合同中确定只归夫或妻一方的财产”。依据上述规定，夫或妻一方通过法定继承取得的财产，因没有遗嘱指定该遗产只归夫或妻一方个人单独所有，故属于夫妻共同财产，离婚时应予以分割。因此，为避免子女继承所得财产成为夫妻共同财产，被继承人需要设立遗嘱，并在遗嘱中特别指明该遗产只归继承人个人所有，不属于夫妻共同财产。

立遗嘱虽然属于单方法律行为，但并非任何时候、任何情况下均可设立遗嘱。一份有效的遗嘱对遗嘱行为能力有特殊的要求，当立遗嘱人因重病无法自由表达意思或者部分丧失行为能力的时候，就没有办法设立有效遗嘱。所以被继承人应当趁自己具备遗嘱行为能力的时候，及早设立遗嘱，安排好意外来临时财产的分配，使自己的心愿落到实处。

方案 2 利用保险的专属性，将财富真正用来保障子女的幸福

适用于 ➔ 家长对子女的婚姻不放心、想要为子女建立灵活的专属资金的家庭。

婚前财产规划的核心目的，是在于出现离婚等风险时，能够保护自己的财产不受风险影响，能够依然专属于个人而不被分割，这才是婚前财产规划的专业作用所在。

而财产的种类，除了有大众熟知的房产，其实还有最容易被忽略的现金类资产，年金险则是非常重要的现金类资产之一。

如果苏母不是将毕生积蓄全部用于给苏颖买房，而是换成同等价值的年金险现金资产，那么就不会出现后来如此被动的局面了。

苏母在女儿苏颖的婚姻存续期，拿出毕生积蓄，为女儿购置房产。但岂料由于女儿和女婿的文化差异、价值观等都相差巨大，这段婚姻一开始就埋有“风险的种子”。因此，苏母的做法，同样也为苏颖离婚时的财产纷争留下了隐患。

如果苏颖在北京购置房产是刚需，那么既要满足居住品质的需求，又要解决首付资金不够的情况，苏母应该如何来出这笔资金会更适合呢？保险的专属性和保单贷款功能，可以很好地帮助她们解决困惑。

苏母可以先作为赠与女儿苏颖的一方，为苏颖购买一份人寿保单，也就是年金险。当家庭存在房产购置的刚需时，可以从保单中贷出相对比例（视不同产品的现金价值和贷款比例而定），用于苏颖房产购置款，解决一部分的资金压力的问题。这样，如果出现婚姻危机，房产需要分割或是出售，首先应该偿还贷款。

| 建立灵活安全的资产池 |

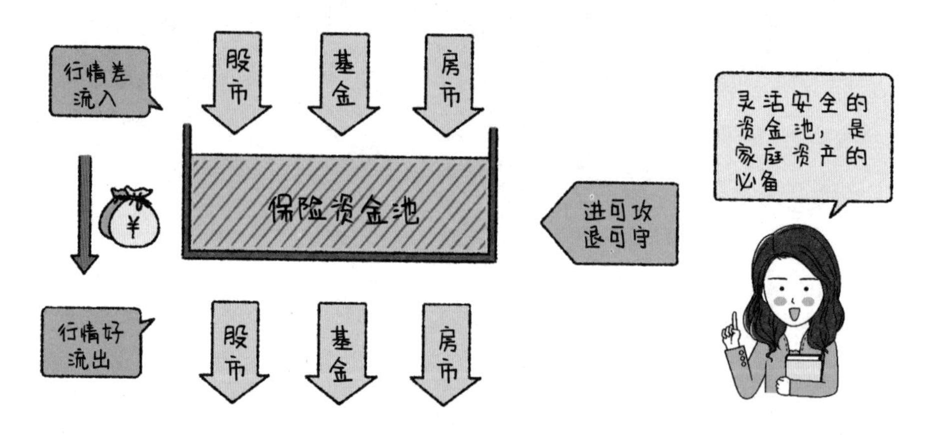

| 苏母和苏颖的保障规划 |

保障类型	投保人	被保人	受益人	保障配置说明
年金险	苏母	苏母	苏颖100%	苏母为自己配置一份专属养老金，将保费交入保险公司，再通过保单贷款功能，贷出来的资金提供给苏颖作为购置房产所急需的一部分现金
年金险	苏母	苏颖	苏母100%	苏颖将每年年收入的10%～15%赠与给苏母，作为自己对母亲赡养义务的呈现，可以采用10年交的方式，这样形成了固定资金分配习惯的同时，也对婚内资金做了一些相对的保护。即使婚姻发生变化，也不会出现保单的所有权益都被分割的现象

本节关键词

法律关键词　涉外婚姻　继承法　夫妻共同财产制

理财关键词　婚前财产规划　保单贷款功能　资金池

本节案例
所涉及的法律依据及相关解释

法·律·规·定·及·司·法·解·释

关于夫妻财产关系

《中华人民共和国婚姻法》

● 第十七条：夫妻在婚姻关系存续期间所得的下列财产，归夫妻共同所有：

（一）工资、奖金；

（二）生产、经营的收益；

（三）知识产权的收益；

（四）继承或赠与所得的财产，但本法第十八条第（三）项规定的除外；

（五）其他应当归共同所有的财产。

夫妻对共同所有的财产，有平等的处理权。

● 第十八条：有下列情形之一的，为夫妻一方的财产：

（一）一方的婚前财产；

（二）一方因身体受到伤害获得的医疗费、残疾人生活补助费等费用；

（三）遗嘱或赠与合同中确定只归夫或妻一方的财产；

（四）一方专用的生活用品；

（五）其他应当归一方的财产。

《最高人民法院关于适用〈中华人民共和国婚姻法〉若干问题的解释（三）》

● 第七条：婚后由一方父母出资为子女购买的不动产，产权登记在出资人子女名下的，可按照婚姻法第十八条第（三）项的规定，视为只对自己子女一方的赠与，该不动产应认定为夫妻一方的个人财产。

由双方父母出资购买的不动产，产权登记在一方子女名下的，该不动产可认定为双方按照各自父母的出资份额按份共有，但当事人另有约定的除外。

本节案例
所涉及的法律依据及相关解释

大·数·据·说

通过对法律数据库中 63 件涉外离婚案件进行分析（数据来自无讼案例，截至 2017 年 7 月 12 日），发现以分居超过两年为由主张离婚居多，共 41 件，法院多以共同生活时间较短，且长期处于分居状态，分居期间也无联系，未尽夫妻义务，认定夫妻感情确已破裂，准予离婚有 35 件，.认为感情基础仍在不予离婚的仅有 6 件。结合其他离婚后财产分割纠纷的案件来看，离婚时或离婚后，法院对外国国籍一方对夫妻共同财产享有平等分割权几乎没有例外地做出了认可；对于一方对另一方的继承所得是否享有相应分割权利的，也是遵循以享有分割权为原则；已有明确指明由一方继承的归一方所有的为例外。

从对数据的分析可以看出，我国司法实践在婚姻家庭、继承纠纷等案件中，对于财产的分割和遗产的继承，不因一方是外国人而做出不同的适用。考虑到涉外婚姻的稳定性和离婚时财产查明的复杂性（国内一方都难以掌握外籍方在国外的资产，而法院在审理时往往会因调查取证难度大而不予认可或不予处理外国资产，除非证据非常清晰明了，或双方没有争议），建议涉外婚姻双方更应该做好婚前财产规划，如订立婚前财产协议，明晰双方的婚前财产，婚内可以进一步对双方财产进行约定，以免离婚时出现举证难、分割难的问题。

案例
5-2

儿子在美辞世，父母无人赡养

——如何避免在国外成家立业的子女遭遇意外导致国内父母老无所依？

案例重现

（本案例中的名字均为化名，如有雷同，纯属巧合）

有一天，一对白发苍苍的老人周青、江燕向律师求助，原来二老的儿子和儿媳在美国发生意外双双离开人世，只留下一大笔遗产。人生之痛，莫过于白发人送黑发人。

两位老人一辈子生活在小城镇，从没出过国，一来语言不通；二来不知道美国遗产继承的手续，只能寄希望于律师。

据两位老人介绍得知：独子周卫自幼聪颖好学，就读国内名牌大学，因成绩优异留学美国，在留学期间结识漂亮的美国姑娘莎拉并很快坠入爱河。毕业后，周卫拿到了国内某大型国企的 offer，但莎拉尚未完成学业，且莎拉的父母也不同意她跟随周卫到中国生活。无奈之下，周卫只能一人回国。因个人素质高、工作能力出众，周卫很快就得到了老板的赏识。工作期间，周卫趁着到国外出差的机会去见了莎拉一面，虽然时隔一年，但两人感情依旧如故。分别之际，周卫对莎拉说一定会回来娶她的。

为了尽快实现诺言，周卫更加发愤图强，很快晋升为公司的总经理。同时，周卫凭借自己的辛勤劳动及独到的投资眼光，投资房地产市场获益不菲。为了能与爱人莎拉长相厮守，周卫欲变现国内资产移民美国华盛顿州。然而年过七旬的父母怎么可能同意儿子作出这个选择，二老把这辈子都奉献给了儿子，为供他在美国念书，把房子也给卖了，直到现在都是租房子住。周卫拗不过父母，也不想伤父母的心，便把这移民之事暂缓了。

一天晚上，熟睡的周卫被一个电话吵醒，电话那头是莎拉止不住的哭泣，原来莎拉的父母在旅游时因遇到雪崩而辞世。可怜的莎拉，在这世上再也没有亲人了。周卫以最快的速度办好签证，陪莎拉办理完父母后事和遗产继承后，周卫就带莎拉回国筹备移民的事。周卫的父母百般阻挠，但周卫最后还是义无反顾地走了。

到美国后，两人步入婚姻的殿堂，过上了幸福快乐的生活。为了弥补对父母的愧疚，周卫特地挑了父亲生日前夕回国，还说再过两年就把父母二人接到美国生活，一家人共享天伦之乐。莎拉也主动帮婆婆江燕张罗各项家务，她托周卫转告自己的歉意，希望能得到公公婆婆的谅解，日后定会像对待自己亲生父母般对待二老。老人家就是耳根子软，听了这一番话，什么气都消了。

周卫回美国后，两老天天盼着儿子的消息。有一天，江燕接到一个来自美国的电话，她没想到，半年前的相聚竟是与儿子的最后一面。这个电话是中国驻美国大使馆的工作人员打来的，得知儿子和莎拉在美国发生车祸，莎拉当场死亡，儿子送至医院后也经抢救无效死亡了。江燕眼前一黑，当即就晕倒了，周青拨打了120，才把老伴救醒。

儿子走了，两位老人也无依无靠了，更悲惨的是，周青和江燕两位老人本身并无退休金，送儿子出国时已经把家里的积蓄全部花光了，这几年来的日常生活全靠儿子周卫支持，儿子发生车祸身亡，两位老人生活立即陷入困顿。更令人揪心的是虽然儿子在美国留下一笔财产，但是继承美籍华人在美国的遗产必须先缴纳大笔遗产税后才能取得遗产，可两位老人根本无力缴纳遗产税，怎么才能取得儿子的遗产呢？

人物关系

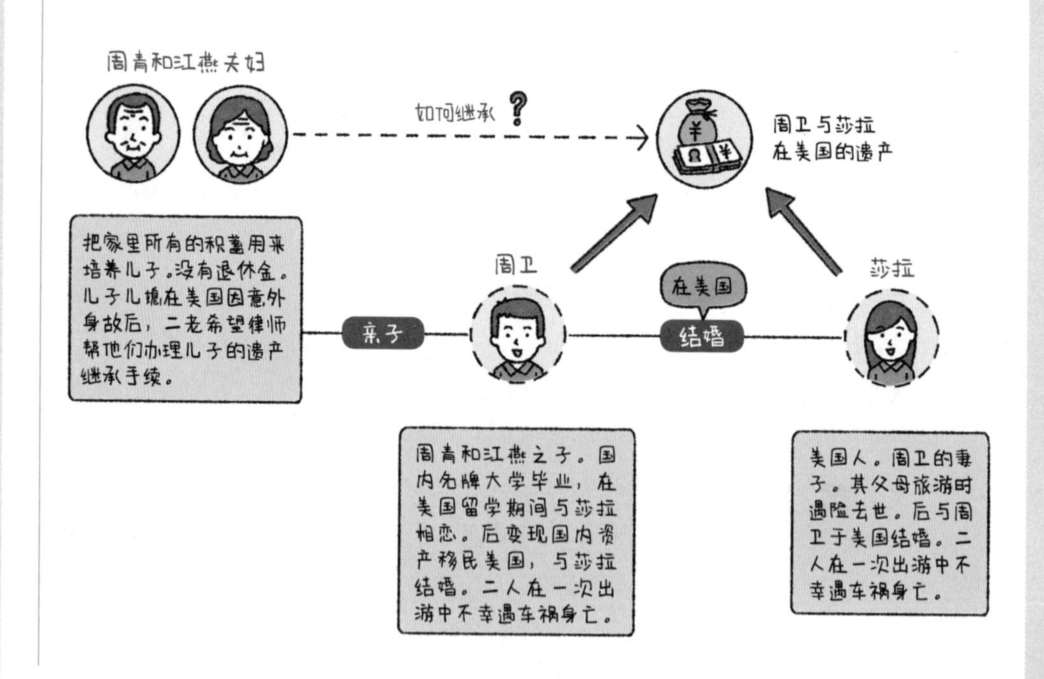

本案风险点

花掉养老金供养孩子，就是孤注一掷

把孩子养大成人不容易，养一个高学历，有出息的孩子更不容易。教育开支是每个家庭必不可少的，很多父母情愿省吃俭用，也要供养孩子读书。但是因为上一辈所处的时代环境不同，当他们年轻时，还没有为孩子强制储蓄教育金的意识，也没有这样的经济条件，因此，挪用自己的养老金，补贴孩子的教育金、婚嫁金，就成了家庭财务中司空见惯的现象。然而，养老金、教育金、婚嫁金都有典型的专款专用的特点，被挪用了，何时能还回来，还多少，就不得而知了。就像本案中的周青老两口，养老金被挪用了，却再也回不来了。

父母倾尽资本养儿防老，儿子虽然拥有很强的工作能力，却在追求个人幸福的同时，疏忽了给予身后父母稳固的保障

随着中国经济的快速发展，越来越多的家庭拥有经济实力布局海外资产，但是在这段快速发展的时间里，人们虽然学会了创造财富，却没有同步掌握规划财富的能力。财富规划有一个最基本的原则，叫“人在哪儿，钱就在哪儿”。因为放眼全球，优质的可投资项目是非常多的，但是我们投资的目的是什么呢？如果只是一味地追求让账户上的数字增加，而忽略了对家人的关心、对家人在生活当中实际需求的关心，再多再大的数字又有什么意义呢？

就像在本案中，虽然周青老两口的心愿是儿子能在身边一起生活、相互陪伴，但儿子因为爱情而选择在国外成家立业。周卫工作能力很强，他追求个人幸福的选择本是无可厚非，但周卫却把自己所有的财产全部变卖转移到美国，对于自己亲生父母在国内的基本养老金的安排却没有做任何的考虑。

一个家庭合格的财富规划是需要从上一辈到下一辈，上上下下一共至少三代人都充分考虑其中的。这三代人分别在哪里，那么对应的所在地就需要有相应的财富规划，因为每一个国家甚至每一个城市的金融环境、经济政策和生活水平都不一样，所需的生活和财富规划也就不一样。

律师说"法"

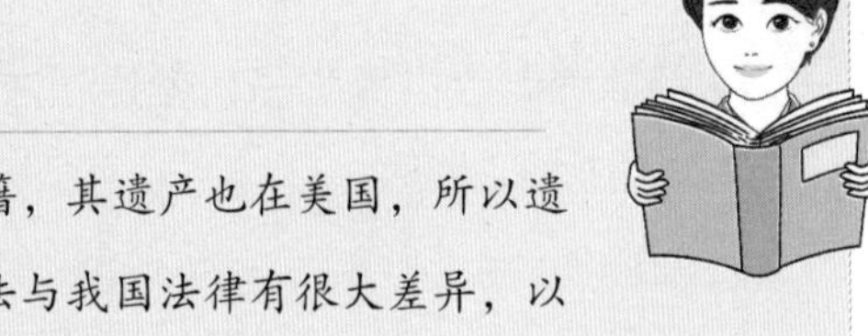

遗产继承

由于周卫移民美国后获得美国国籍，其遗产也在美国，所以遗产继承时适用的是美国法，由于美国法与我国法律有很大差异，以下便通过对比的方式对本案进行分析。

在我国，无遗嘱的继承叫法定继承，法定继承有两个梯度的顺序，第一顺序是：配偶、子女、父母；第二顺序是：兄弟姐妹、祖父母、外祖父母。同一顺序继承人一般按照均等继承的原则继承，第一顺序的继承人存在时，第二顺序的继承人不发生继承。被继承的财产包括被继承人的婚内财产和婚前财产。

而在美国，继承法属于州层面上的法律，每个州的规定都有所不同，就华盛顿州的继承法而言，在无遗嘱继承的情况下，被继承人的配偶、子女、父母、兄弟姐妹、祖父母、叔舅姨姑及其子女等都有继承权，但所有姻亲都没有继承权。华盛顿州的无遗嘱继承与我国的法定继承相比，其继承权的亲属覆盖面较广，但是继承顺序和份额比例却与我国相差甚远，而且对婚前财产和婚后财产的分配也有较大的差异。以下通过例子进行简单说明：

（1）仅有配偶在世，则所有的婚内财产和婚前财产都由配偶继承。

（2）配偶、子女和上述亲属都在世，则所有的婚内财产都由配偶继承，婚前财产由配偶和子女各继承 1/2，如有两个子女，则每人仅得被继承人婚前财产的 1/4。

（3）配偶和上述亲属都在世（没有子女），则所有的婚内财产都由配偶继承，婚前财产由配偶继承 3/4，父母继承 1/4，其他亲属没有继承权。

（4）配偶与被继承人同时死亡，则无须区分婚内财产和婚前财产，基本的继承顺序是：一、子女；二、父母（3/4）和兄弟姐妹 (1/4)；三、祖父母；四、叔舅姨姑及其子女等，前一顺序继承人存在，后一顺序的继承人不发生继承。

由上述例子可以看出，在华盛顿的无遗嘱继承一般以配偶为第一分界线，子女为第二分界线，配偶、子女任意一方在世的时候，其他亲属在一般情况下没有继承权。

本案中，莎拉先于周卫死亡，在莎拉死亡一刻，无遗嘱继承开始了，周卫继承莎拉的婚前和婚后财产，莎拉的其他亲属没有继承权。周卫死亡一刻，由于没有子女，遗产由第二顺位继承人父母、兄弟姐妹继承，遗产包括从莎拉处继承的财产，又因周卫没有同胞兄弟姐妹，所以所有遗产由周卫父母继承。

然而，在美国，遗产税是税率最高的一种税，缴纳人为相应的继承人，而且要先纳税然后才能继承并分配财产。虽然特朗普政府在 2017 年 4 月 26 日公布的税改方案，提出要永久废除遗产税，但该税改提案还未通过，最终结果不得知晓。根据美国现行的联邦遗产税法，遗产税使用超额累进制，税率分成 12 个等级，从 18% 到 40%，达到遗产税起征点后（525 万美元），遗产越多，税率越高。历史以来，面对高额的遗产税，很多富商、名人、企业家等都选择设立信托、保险、基金等方式来规避遗产税。就周卫一案而言，如果周卫和莎拉的遗产总额超过 525 万美元，则其父母周青、江燕需要对超出 525 万美元的部分按超额累进的方式纳税。周青夫妇没有收入，缴纳遗产税对他们来说是一个难题。

对于移民他国留下父母在国内的人士，建议要更早地做好遭遇意外的风险防范，因为父母对外国环境不熟悉，一旦子女在国外发生什么意外，父母很多时候都会手足无措，也没有能力去料理子女的后事。以本案为例，如果周卫在移民前购买相应的人身意外保险，以父母为受益人，则他在美国逝世时即便没有留下遗产，国内的父母也不会断了生活来源，而且这部分钱可以支持他的父母去支付高额的遗产税以及办理继承手续的相关开销。

解决方案

现如今，随着经济发展全球化，越来越多的人到国外成家立业，至亲则因为种种原因而留在国内生活。对于这样的家庭，该如何规划以避免类似本案中的情况发生呢？

方案 1 根据移居国家 / 地区继承法规，设立信托 / 遗嘱安排传承，以避免自身发生意外时父母老无所依

适用于 → 存在移民倾向的家庭。

步骤❶ ➡ 了解清楚移民国家 / 地区的继承法律法规。

移民他国往往会形成跨法域的继承冲突问题，并影响继承法律关系的准据法。囿于历史文化、传统习俗、立法体例、司法主权等因素的影响，各国继承法中继承人范围、继承比例各不相同，立遗嘱能力、遗嘱方式、遗嘱的实质内容、遗嘱的解释和遗嘱的撤销等事项规定亦各不相同。例如我国第一顺序法定继承人范围包括父母、配偶、子女；而在香港无遗嘱继承（法定继承）中，如果被继承人遗留有子女，则被继承人的父母不参与继承；在美国需缴纳遗产税的州，一般需要先缴纳遗产税才可办理后续继承手续。如果移民者不了解相关移民国家 / 地区的继承法例，往往会使得财产传承产生巨大的漏洞，造成重大损失影响。

步骤❷ ➡ 根据移居国家 / 地区继承法规，设立信托或者遗嘱安排传承。

虽然我国民事信托制度较为落后，尚未成为财富传承的主要方式，但是在英美法系国家，家族信托却是财富传承的主要方式。如果移民英美法系国家，财产亦主要在这些国家或地区，可以考虑以信托方式进行财富传承。

根据《海牙关于信托的法律适用及其承认的公约》第二条规定：在本公约中，当财产为受益人的利益或为了特定目的而置于受托人的控制之下时，“信托”这一术语系指财产授予人设定的在其生前或身后发生效力的法律关系。信托具有下列特点：（一）该项财产为独立的资金，而不是受托人自己财产的一部分；（二）以受托人名义或以代表受托人的另一个人的名义握有信托财产；（三）受托人有根据信托的条件和法律所加于他的特殊职责，管理、使用或处分财产的权力和应尽的义务。

当移民国家 / 地区存在各项继承限制、遗产税问题，且遗产税需在继承前缴纳时，可以选择设立家族信托方式安排财产传承。将财产委托给受托人，与受托人签订信托合同或相关意愿书，指定家庭成员为信托受益人，享受信托财产带来的各项收益。既避免了缴纳高额遗产税，又避开了法定继承人范围的强制规定，特别是可以防止父母无法继承的情况，此外还省去了烦琐的涉外继承程序。

方案 2 以人为本的财富规划

适用于 ➜ 移民国外而家人却留在国内生活的家庭。

以周卫为代表的这一类财富创造能力非常强的家庭，他们通过自己的努力移民到国外，长期在国外生活，且国内外都有丰富的家庭财产，但是父辈或者孩子还生活在国内。那么针对这样的家庭，财富规划的解决方案需要分为两个步骤来进行，第1个步骤是解决家庭成员生活的刚需问题，第2个步骤才是解决投资增值的问题。

那么，第1个步骤中的刚需问题具体包括哪些呢？对于周卫这样的家庭来说，刚需首先包含转移自己和妻子的人身意外、疾病风险、父母的养老风险，还有自己家庭财产的税收风险。

如果说，关注了风险管理，财富管理就对了一半，这个观念用在周卫家庭身上，也并不为过。

对周卫而言，面临的风险集中在以下四个方面：

（1）人身风险：如何留爱不留债，留财不留纠纷？

（2）税收风险：在不同的国家，政策上对于资产的传承或是管理有哪些不同的要求？

（3）赡养风险：父母倾其所有，让自己能够得以在国外深造，何以回报父母，让他们有一个安详快乐的晚年？

（4）管理风险：如果发生了人身风险，孩子的教育金、父母的未来养老生活……都该如何去规划？

世上最美好的事是：我已经长大，你还未老；我有能力报答，你仍然健康。

白发人送黑发人，老人家已经万分悲痛，却不曾想还需要拿出一大笔现金用于支付遗产税。无论是从自身能力上还是经济状况上，老人家都无法承受这样的事实。

遗产税是财富的二次分配，如果周卫在生前没有对资产配置进行合理规划，没有从税收、管理难度、专属性等方面认真思考和规划过，那么留给家人的“麻烦”，也是必然的结果。

各国遗产税最高征收税率一般表

国家	最高遗产税率（%）	国家	最高遗产税率（%）	国家	最高遗产税率（%）
美国	50	德国	50	荷兰	40
日本	70	英国	40	比利时	80
韩国	50				

不仅仅是以上这些发达国家已经开征遗产税，中国也在不遗余力地推进“遗产税草案”的进程。或许某一天，遗产税在中国的征收，也将拉开序幕。

中国遗产税草案

遗产税五级超额累计税率表（草案）

· 我国《中华人民共和国个人所得税法》第四条第五款——“保险金不列入所得税应纳税额之内”。

· 《中华人民共和国遗产税（草案）》第五条——“下列各项不计入应征税遗产总额：被继承人投保人寿保险所取得的人寿保险金”。

➡ 2004年9月财政部出台《中华人民共和国遗产税暂行条例（草案）》，并在2010年进行了修订。

纳税遗产净额（元）	税率（%）	速算扣除数（元）
不超过80万部分	0	
超过80万～200万部分	20	5万
超过200万～500万部分	30	25万
超过500万～1000万部分	40	75万
超过1000万部分	50	175万

遗产税计算公式 ＝应纳税遗产净额×适用税率－速算扣除数

这几年，大保单频频出现，越来越多的人将大额资金交付给保险公司。他们不乏其他广泛且灵活的投资渠道，为什么要选择将财富托管给保险公司呢？其背后的原因主要有：

|大保单背后的担心 & 需求|

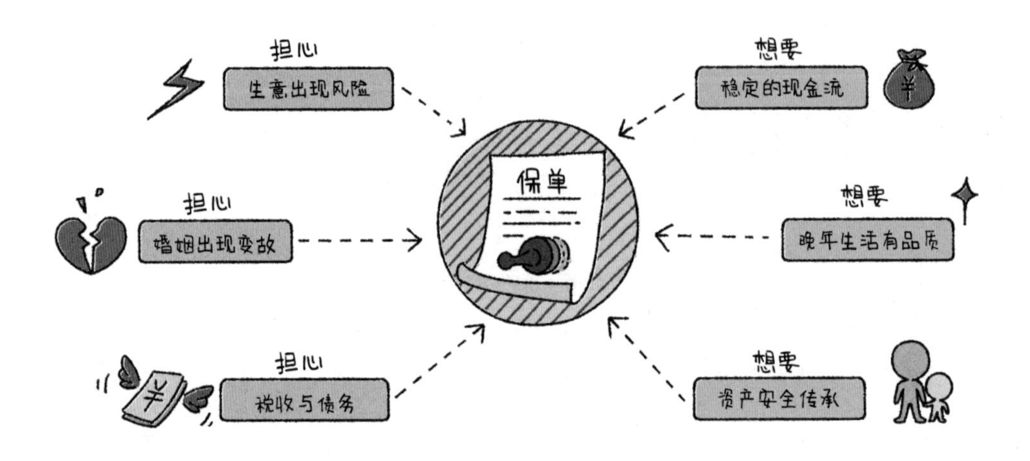

国家职业技能鉴定专家委员会委员、理财规划师专业委员会秘书长刘彦斌老师曾提到："保险是财富的衣服，一个人不买保险，就如同一个人不穿衣服，我称之为财富裸体。"

这也从另一个角度诠释了保险规划的重要性——保全财富离不开保险的规划。

周卫在生前的保险规划，可以从规避税收、获得一笔免税的现金资产、规避人身风险以及获得高品质的医疗保障四个方面来规划：

▶▶▶
表格见下页

周卫一家的保障规划

保障类型	投保人	被保人	受益人	保障配置说明
重疾险	周卫	周卫	妻子50% 父母50%	规避因重疾风险来临带来家庭原有储蓄的损失。通常重疾的保障是年收入的5倍。由于周卫的工作和生活范围在境内和境外都有，可以在境内、境外分别规划重疾险
寿险	周卫	妻子	周卫100%	寿险发生的理赔金，一定是留给指定亲人的一笔资金。像周卫，在国内有资产、有父母需要照顾，就需要在国内购买寿险，这样就能同时解决两个需求：（1）万一周卫本人遇到不测，造成了“白发人送黑发人”的现象，理赔金可以用来照顾父母的养老生活；（2）这笔理赔金是免征遗产税的，也能帮助家人顺利继承周卫留下来的财产。将来如果需要征收遗产税，这笔资金将会成为继承遗产的现金
医疗险（全球医疗）	周卫	周卫及妻子	—	考虑到一家人活动范围比较广，可以配置全球医疗险，这样在全球任何国家都可以享受预约直通车，随时得到更及时、更高品质的医疗服务，包括专属服务通道、绿色预约电话、医院陪同就诊服务、药品直送及海外就医，全球紧急医疗救援及转运等保障的全面覆盖，每年医疗报销的额度高达800万元，全年7×24小时不间断医疗咨询与双语服务。同时，自动续保至80周岁，还有保证续保的条款，充分体现了客户的尊贵性
意外险	周卫	周卫	妻子50% 父母50%	规划1000万元以上的意外险保障，覆盖普通意外险，包括航空、火车、轮船、公共交通、营运车辆以及驾乘私家车等交通意外，自然灾害、普通意外以及意外导致的手术或是门诊，都能得到理赔
	周卫	妻子	周卫100%	
年金险	周卫	父母	周卫100%	将一部分现金资产，为父母规划专属的养老金，并增加保单豁免功能，这样，既是一笔免税的现金资产，同时又让父母的晚年生活更安心，养老无忧

本节案例
所涉及的法律依据及相关解释

法·律·规·定·及·司·法·解·释

遗产的继承顺序

《中华人民共和国继承法》

● 第十条：遗产按照下列顺序继承：第一顺序：配偶、子女、父母；第二顺序：兄弟姐妹、祖父母、外祖父母。继承开始后，由第一顺序继承人继承，第二顺序继承人不继承。没有第一顺序继承人继承的，由第二顺序继承人继承。本法所说的子女，包括婚生子女、非婚生子女、养子女和有扶养关系的继子女。本法所说的父母，包括生父母、养父母和有扶养关系的继父母。本法所说的兄弟姐妹，包括同父母的兄弟姐妹、同父异母或者同母异父的兄弟姐妹、养兄弟姐妹、有扶养关系的继兄弟姐妹。

本节关键词

法律关键词 涉外婚姻 遗产继承 继承法

理财关键词 遗产税 养老金 意外险

本节案例
所涉及的法律依据及相关解释

大·数·据·说

英国著名法律史权威梅特兰（Maitland）说过一句关于信托制度的话：“如果有人问英国人在法学领域所取得的最伟大、最独特的成就是什么，那就是历经数百年发展起来的信托理念，我相信没有比这更好的答案了！”

在英国的税收政策中，遗产继承税税率高达 40%，生前转让资产的税率却只有 20%，如此之大的税率差，驱动了家族信托的蓬勃发展。不仅税率差高，英国遗产税征收还要追溯到被继承人去世的前 7 年，并且规定被继承人死前 3 ~ 7 年进行资产转移能够获得一定的税收抵扣，时间越提前抵扣比例越大。因此，不管商业信托在信托行业中占多大的份额，英国人始终都在偏重公益信托和以家族信托为主体的个人信托等传统信托业务。

在英国的个人信托中，家族信托是毫无争议的主体。如果单纯从业务量的角度看，家族信托具有绝对的优势。不仅在个人信托中，即使在整个英国的金融信托行业中，家族信托业务量所占的比例最高竟然也达到 80% 以上。英国传统的家族信托业务主要包括遗嘱执行、遗产运作、家庭税务规划、家族资产运作及配置等方面的内容，这些业务类型是英国家族信托业务的主要组成部分，从始至终都没有发生大的变化。[1]

[1] 赵涛．海外家族信托的理论与实践及其对中国的启示 [D]．北京：中国社会科学院，2017.

案例
5-3

一个难以离成的婚

——如何避免涉外婚姻中的情感危机变成财产危机?

案例重现

(本案例中的名字均为化名,如有雷同,纯属巧合)

又是一个独守空房的深夜,张玲决定离婚,她甚至在心里发了一个毒誓。

到底发生了什么事情呢?

张玲和丈夫黄强是在加拿大读书时认识的。张玲才貌双全、乖巧懂事;黄强家境富裕、才华横溢。两颗孤独的心走到了一起。毕业一年后,两人在加拿大结婚。三年后,他们的儿子黄小小在加拿大出生了。

没想到,黄强的父母坚决要求黄强回国发展。黄强自己也认为加拿大太闷,没有太多机会。张玲心里总感到不安,但拗不过丈夫,2011年,一家三口回国了。回国后的第二年,张玲就知道自己为什么不安了。

为什么呢?丈夫黄强是一个不安分的人。

2012年年底,黄强从回家很晚,发展到了经常夜不归宿,身上还总是带着香水味。张玲找了私家侦探,当一张张不堪入目的照片摆在张玲面前时,张玲气炸了。面对质问,黄强承认自己和一名叫吕颖的女子发生了婚外情,并写下保证书和悔过信,确保自己以后不会再犯。深爱着黄强的张玲看在儿子还小的分上原谅了黄强。

可是过了不到半年,张玲发现黄强和吕颖根本就没有分开。张玲又闹,黄强又哄,就这样来来回回三四次。到后来,黄强连之前的忌惮之心都没有了,不仅给吕颖买了房子,还向张玲提出来:两个家都想要。

面对黄强的无理要求,张玲无论如何都忍不下去了,决定离婚。

本以为去民政局领个离婚证就行了,可是民政局根本就办不了她的离婚。为什么呢?因为,根据《中华人民共和国婚姻登记条例》第十二条的规定,如果夫妻双方的结婚登记不是在中国内地办理的,民政局不予办理离婚登记。

既然民政局无法离婚,张玲委托了律师,准备一纸诉状将黄强告上法庭。然而问题又来了:张玲和黄强在外国结婚;同时,儿子黄小小也在加拿大出生。张玲还需要证明黄小小是他们婚生子才可以进一步争取到黄小小的抚养权。

面对复杂的程序，张玲折腾了好久，终于把离婚诉讼案件立案了。张玲提出了一系列的诉讼请求，请求人民法院判令：（1）解除原被告的婚姻关系；（2）婚生子黄小小由原告抚养，婚生子黄小小抚养费由被告独自承担；（3）请求依法分割共同财产；（4）诉讼费由原被告共同承担。可是没等到开庭，一个噩耗传来，黄强出车祸意外去世了。

面对这种当事人去世的离婚诉讼，法院该如何裁决呢？法院根据《中华人民共和国民事诉讼法》第一百五十一条的规定，在离婚诉讼过程中，夫妻一方死亡的，应当裁定诉讼终结。

本以为所有的怨恨，都会随着黄强的去世烟消云散。可是在黄强的葬礼上，吕颖出现了，而且还带来了一个孩子。

刚落幕不久的离婚诉讼又转变成了继承纠纷。吕颖不满黄强家人对黄强遗产的处理方式，认为自己和孩子吕布也应当分得一份遗产，于是将黄强家人和张玲告上了法庭。法庭最终认定作为非婚生子女的吕布应当与婚生子女有同等的待遇，也应当作为第一顺位的法定继承人分得黄强的一份遗产。

法院认为，根据《中华人民共和国继承法》第十条的规定，婚生子和非婚生子应当同时作为第一顺位的法定继承人继承财产。因此吕颖的孩子吕布也应当分得黄强的一份财产。

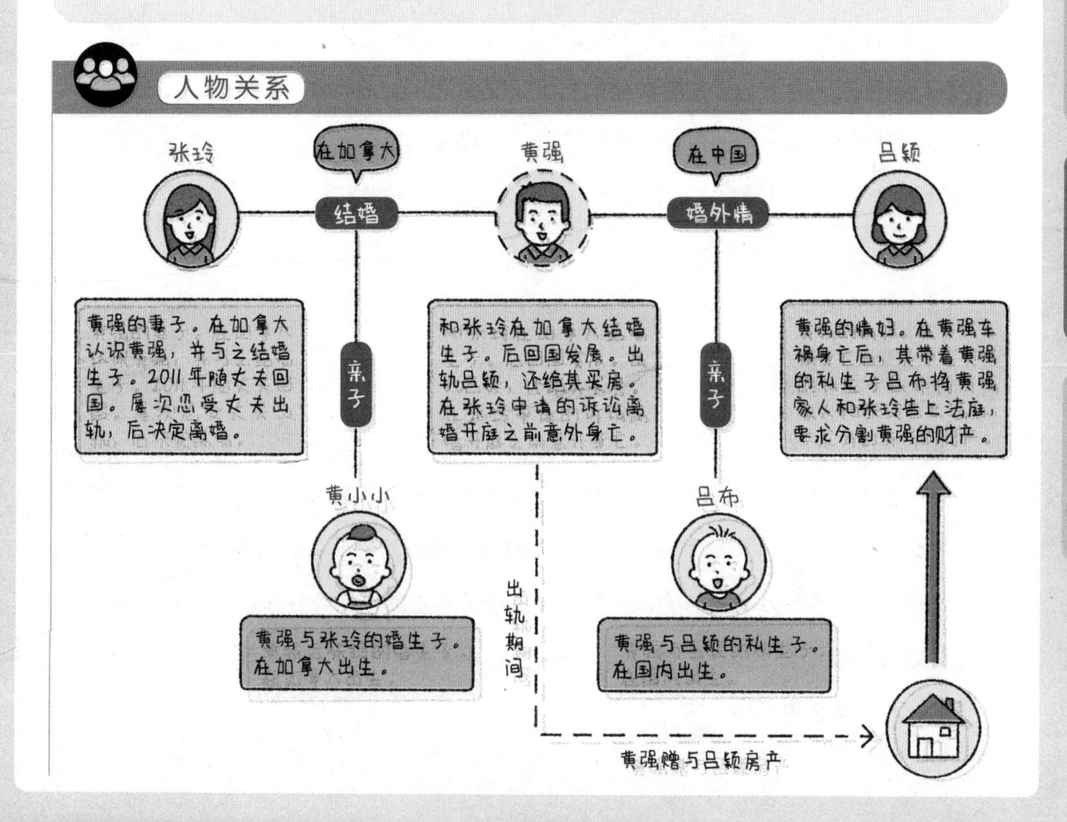

本案风险点

婚内财产规划，应该未雨绸缪，尤其是对于隐藏着危机的婚姻

本案中，从 2011 年张玲一家回国，婚姻出现问题到真正着手办理离婚，期间有足够长的时间可以让她提前咨询律师，咨询财务顾问，来最大限度地保全自己的婚内财产，保障自己的孩子黄小小未来的抚养和教育开销。然而，这期间张玲却只是陷在用情感解决问题的思维方式里，没有开始过任何收集证据的行为。但是，法院只认客观证据；加之涉外婚姻的离婚手续复杂，时间周期长……种种因素都让张玲步步陷入被动。

涉外婚姻、离婚、人身意外、私生子……不具指向性安排的财产，难以在风波中给当事人带来保障和安全感

人生风险难以预测，如果发生在关键时刻甚至会改变一个家庭的将来。本案中，张玲与黄强因是在外国结婚，属于涉外婚姻，在离婚的过程中她好不容易证明黄小小是他们的婚生子，黄强却突然遭遇意外去世，法院裁定诉讼终结。但没想到的是，让张玲痛苦无比的第三者带着黄强的私生子又出现了。黄强在生前因为没有对财产继承进行任何有指向性的安排，比如立遗嘱、投资人身保险等，于是出现了意料之外的继承纠纷，最终导致第三者携私生子瓜分继承财产的结局。

律师说“法”

涉外婚姻关系的认定

本案属于涉外婚姻纠纷，首先值得注意的是两个在国外结婚的中国人，他们的婚姻效力应当如何认定问题。因为只有认定了婚姻的效力，才可以在中国的法院提起诉讼离婚。《中华人民共和国涉外民事关系法律适用法》第二十一条规定了结婚条件的法律适用；第二十二条规定了结婚手续的法律适用。

本案中，张玲与黄强结婚时的经常居所地都在加拿大，应适用加拿大法律规定的结婚条件；其次，张玲与黄强是在加拿大办理结婚登记，其结婚手续应符合婚姻缔结地加拿大的法律规定。加拿大婚姻登记机构为其出具了结婚证，说明张玲与黄强的结婚条件和结婚手续均符合加拿大法律的规定。但由于加拿大婚姻登记机构出具的结婚证是在域外形成，而境外形成的结婚证不能直接作为证据被我国法院采信。该结婚证需要经过加拿大的公证机构公证并经加拿大外交部门与我国驻加拿大的使领馆进行外交认证后，才能被我国法院采信。

在婚姻关系的效力被认定以后，有必要再明确一下法律适用的问题，根据《中华人民共和国涉外民事关系法律适用法》第二十七条的规定："诉讼离婚，适用法院地法律。"本案是在我国起诉的，应当适用我国法律。因此，在谈论到涉外案件时，并不当然要适用国外的法律。

涉外离婚案件中子女身份关系的证明

对于涉外的离婚案件，有关子女身份关系的证明尤为重要。若想争取孩子的抚养权，首先要解决的是域外形成的亲子关系证据效力。由于孩子在国外出生，法律事实形成于域外，领取的是境外机构出具的出生证明，欲使该出生证明为国内法院所采信，其中一个比较好的办法就是，在起诉之前在国内司法鉴定机构办理亲子关系鉴定，便于节省在诉讼中的时间成本；另一个方法就是，到该国的公证机构办理出生证明公证，并经加拿大外交部门与我国驻加拿大的使领馆进行外交认证后，才能被我国法院采信。

如果黄强没有在本案庭审前就死亡，那么关于儿子黄小小的抚养权问题一定是双方争议的焦点之一。在张玲起诉要求离婚时，张玲并没有考虑到儿子黄小小的身份关系证明问题。而法院一定会对黄小小的亲子关系证据提出质疑，张玲只能在诉讼中向法院申请作亲子鉴定，这无疑耗费了诉讼的时间。在诉讼前对黄小小的出生证明进行公证和认证无疑是较好的办法。

由于孩子黄小小已年满5岁，过了哺乳期。根据我国《中华人民共和国婚姻法》第三十六条第3款的规定，哺乳期后的子女，如双方因抚养问题发生争执不能达成协议时，由人民法院根据子女的权益和双方的具体情况判决。根据《人民法院审理离婚案件处理子女抚养问题的若干具体意见》第三条的规定：“对两周岁以上未成年的子女，父方和母方均要求随其生活，一方有下列情形之一的，可予优先考虑：

（1）已做绝育手术或因其他原因丧失生育能力的；

（2）子女随其生活时间较长，改变生活环境对子女健康成长明显不利的；

（3）无其他子女，而另一方有其他子女的；

（4）子女随其生活，对子女成长有利，而另一方患有久治不愈的传染性疾病或其他严重疾病，或者有其他不利于子女身心健康的情形，不宜与子女共同生活的。”

本案中，黄小小近些年一直随着母亲生活，而父亲黄强又因工作需要常驻外地，因此明显不适合随父亲生活。综合考虑上述情况，即使黄强没有发生意外身亡的情形，黄小小的抚养权也应当判归张玲。

解决方案

针对本案中的结果，我们可以从法律和理财这两个层面受到怎样的启发呢？如何才能经营和保护好属于自己的幸福？

方案 1
掌握家庭财产状况，追回一方给情人的赠与；理智处理夫妻感情危机，化危为机保障财产安全

适用于 → 出现或即将出现感情危机的家庭。

步骤❶ ➡ 配偶一方擅自将共同财产赠与情人时，可追回全部赠与财产。

在婚姻关系存续期间，夫妻双方对共同财产具有平等的权利，因日常生活需要而处理共同财产的，任何一方均有权决定；非因日常生活需要对夫妻共同财产作重要处理决定，夫妻双方应当平等协商，取得一致意见。

夫妻一方非因日常生活需要而将共同财产无偿赠与他人，严重损害了另一方的财产权益，有违民法上的公平原则，这种赠与行为应属无效。在夫妻双方未选择其他财产制的情形下，夫妻对共同财产形成共同共有，而非按份共有。根据共同共有的一般原理，在婚姻关系存续期间，夫妻共同财产应作为一个不可分割的整体，夫妻对全部共同财产不分份额地共同享有所有权，夫妻双方无法对共同财产划分个人份额，也无权在共有期间请求分割共同财产。因此，夫妻一方擅自将共同财产赠与他人的赠与行为应为全部无效。

步骤❷ ➡ 理智处理夫妻感情危机，化危为机保障财产安全。

当夫妻一方在婚姻存续期间出轨、发生婚外情的早期，过错方往往对家庭、配偶、子女存有较深、较重的愧疚心理，无过错方应把握时机，理智处理感情危机，争取借此机会与过错方协商签订《夫妻财产协议约定》，将特定家庭财产约定为归无过错方所有，保障自身及子女的财产安全。因为随着发生婚外情时间的延长，过错方愧疚心理可能会逐渐减弱甚至归错于另一方，继而难免不会引发夫妻之间财产分割减损的风险。

步骤❸ ➡ 设立遗嘱避免财产回流过错方。

基于“遗嘱自由原则”，虽然无过错方无权要求过错方立遗嘱将其个人财产遗留给双方的婚生子女，但为防止无过错方自身发生意外导致财产回流到过错方的风险，无过错方应及时设立遗嘱，安排好意外情况下的财产传承事宜。避免双方在未离婚的情况下，无过错方发生意外，而过错方以配偶身份继承无过错方遗产的结果。

方案 2
利用人身保险的专属特性，保护婚内财产

适用于 → 有财产分割这类潜在风险的家庭。

一个家庭，拥有多少财富不是最重要的，拥有懂得规划、运营和管理财富的观念才是最重要的。财富留给谁？如何安排？只有确定的，才是安全的。

无论张玲生活在哪片国土，都需要学会用法律的武器来保护自己，用恰当的财富规划方式来保障自己以及孩子的权益。

由于张玲的婚姻关系证明在国外，而当下一家人又是在中国境内工作和生活，更需要运用保险的保障、杠杆、指定信托等功能转移风险，并让自己和孩子的生活刚需得到满足。

下图为“保险四大账户检视表”，它的核心作用在于可以用一张图更有效地帮助人们“看清”自己的需求和对应的保障规划。主要的四类账户（产品）包括：人身意外保障账户、健康保障账户、年金领取账户和投资理财账户。

保险四大账户检视表

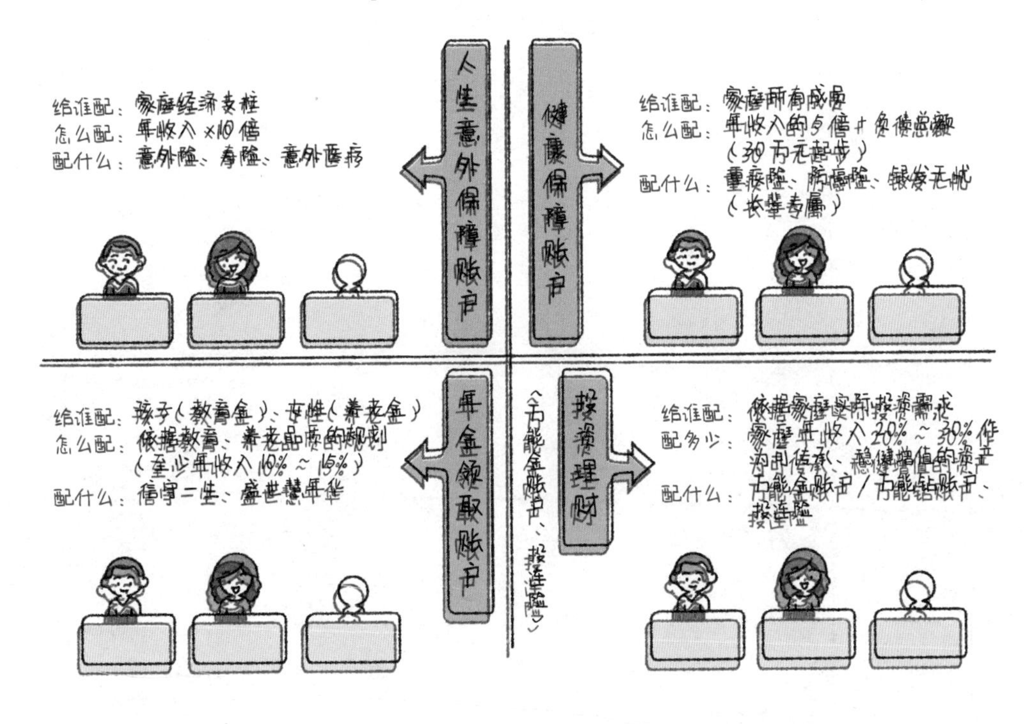

依据上图，那么以本案中黄强和张玲的情况，如何规划财富会比较周全呢？

依据上图，那么以本案中黄强和张玲的情况，如何规划财富会比较周全呢？

表格见下页
表格见下页

231

| 黄强一家的保障规划 |

保障类型	投保人	被保人	受益人	保障配置说明
重疾险	黄强	黄强	张玲 50% 黄小小 50%	规避因重疾风险来临带来家庭原有储蓄的损失。通常重疾的保障是年收入的 5 倍
寿险	黄强	张玲	黄强 50% 黄小小 50%	夫妻双方都配置寿险，通过定期寿险 + 终身寿险的组合，用最小的成本在发生人身风险时帮助家人获得一笔经济上的资助。夫妻双方可以规划 500 万元的寿险
	黄强	黄强	黄小小 80% 张玲 20%	
医疗险（全球医疗）	黄强	张玲及黄小小	—	考虑一家人的商务以及旅行的活动范围会比较广，可以规划全球医疗险，这样在全球任意国家都可以随时得到更及时、更高品质的医疗服务
意外险	黄强	黄强	黄小小 50% 张玲 50%	规划 500 万元以上的意外险保障，覆盖普通意外险，包括航空、火车、轮船、公共交通、营运车辆以及驾乘私家车等交通意外、自然灾害、普通意外，以及意外导致的手术或是门诊，都能得到理赔
年金险	黄强	张玲	黄小小 100%	将家庭年收入 10% ~ 20%，用于规划养老金，养成固定的理财习惯和资金安排的习惯，同时又让自己的晚年生活更安心，养老无忧
	黄强	黄小小	黄强 50% 张玲 50%	为孩子规划教育金，并增加保单豁免功能。如果发生了疾病或是身故等恶性的风险事件，在年金险的保障下，孩子的教育成长可以不受任何影响

本节案例
所涉及的法律依据及相关解释

法·律·规·定·及·司·法·解·释

1 离婚登记受理前提

《中华人民共和国婚姻登记条例》

● 第十二条：办理离婚登记的当事人有下列情形之一的，婚姻登记机关不予受理：（一）未达成离婚协议的；（二）属于无民事行为能力人或者限制民事行为能力人的；（三）其结婚登记不是在中国内地办理的。

2 关于涉外婚姻的适用法律

《中华人民共和国涉外民事关系法律适用法》

● 第二十一条：结婚条件，适用当事人共同经常居所地法律；没有共同经常居所地的，适用共同国籍国法律；没有共同国籍，在一方当事人经常居所地或者国籍国缔结婚姻的，适用婚姻缔结地法律。

● 第二十二条：结婚手续，符合婚姻缔结地法律、一方当事人经常居所地法律或者国籍国法律的，均为有效。

3 离婚诉讼中裁定诉讼终结的相关情形

《中华人民共和国民事诉讼法》

● 第一百五十一条：有下列情形之一的，终结诉讼：（一）原告死亡，没有继承人，或者继承人放弃诉讼权利的；（二）被告死亡，没有遗产，也没有应当承担义务的人的；（三）离婚案件一方当事人死亡的；（四）追索赡养费、扶养费、抚育费以及解除收养关系案件的一方当事人死亡的。

本节关键词

法律关键词　继承法　婚姻法　涉外婚姻

理财关键词　非婚生子女　遗产继承　离婚财产分割　保险四大账户

本节案例
所涉及的法律依据及相关解释

大·数·据·说

笔者在聚法案例库检索“案由：遗嘱继承纠纷”“审判年份：2017年”查得599份涉及遗嘱的继承案例。一份遗嘱要满足遗嘱人传承财富的意愿，必须符合我国《中华人民共和国继承法》及相关法律、司法解释在形式要件和实质要件上的双重要求，特别是根据《中华人民共和国继承法》以及《最高人民法院关于贯彻执行〈中华人民共和国继承法〉若干问题的意见》及其他司法解释的有关规定，我国对遗嘱采取严格法定主义的态度。但是由于这些法律的宣传普及还不够，以及人们法律意识的淡薄，造成了许多遗嘱在审判实践中被认定为无效遗嘱。

2017年遗嘱无效原因分布图

数据来源：律师依聚法案例整理

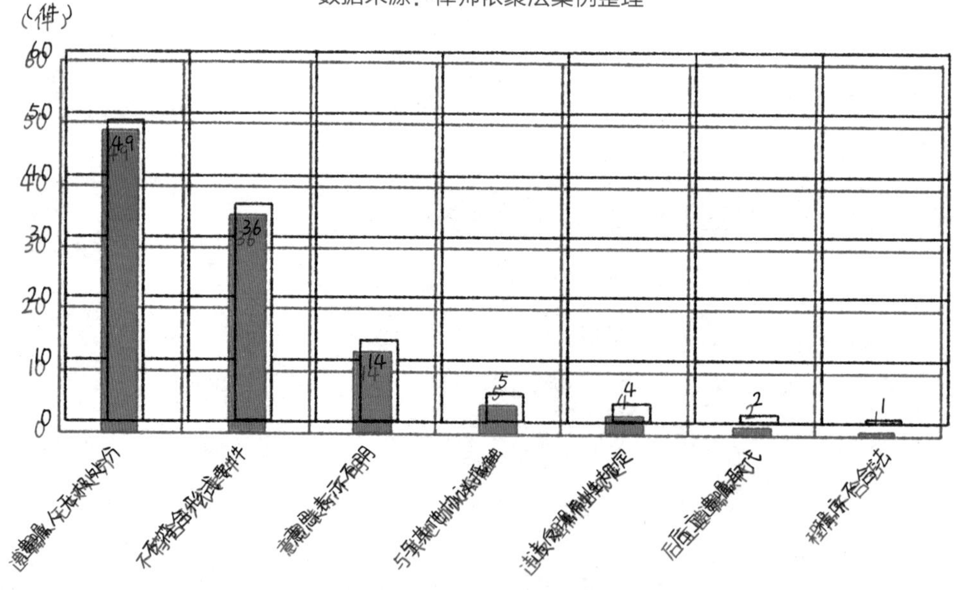

笔者经过仔细梳理遗嘱样本，归纳总结了遗嘱无效事由并制作了“2017年遗嘱无效原因分布图”（见上图）。由上图可以看出：

（1）遗嘱人不享有财产处分权，在样本案例中因此事由无效或部分无效的遗嘱达49件，在样本无效或部分无效遗嘱中占比44.15%；

（2）不符合法定遗嘱形式要件，在样本中因此事由无效遗嘱36件，占比32.43%；

（3）遗嘱人意思表示不明，在样本中因此事由无效遗嘱14件，占比12.61%；

（4）与其他有效民事协议相抵触，在样本中因此事由无效遗嘱5件，占比4.51%；

（5）违反法律强制性规定，在样本中因此事由无效遗嘱4件，占比3.60%；

（6）被其他有效遗嘱取代，在样本中因此事由无效遗嘱2件，占比1.80%；

（7）公证程序不合法，因公证员与当事人存在利害关系、申请表并非本人签名、公证书出具时间早于受理通知书日期、未经审批等违反公证程序，导致公证遗嘱无效，在样本中因此事由无效遗嘱1件，占比0.90%。

2017年遗嘱无效原因占比图

数据来源：律师依聚法案例整理

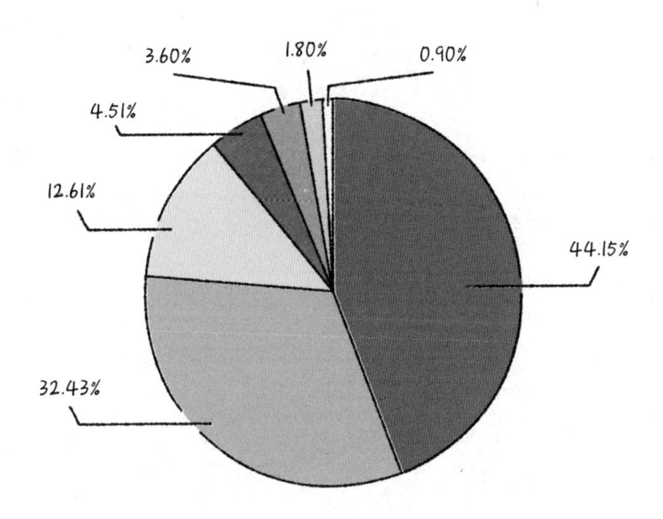

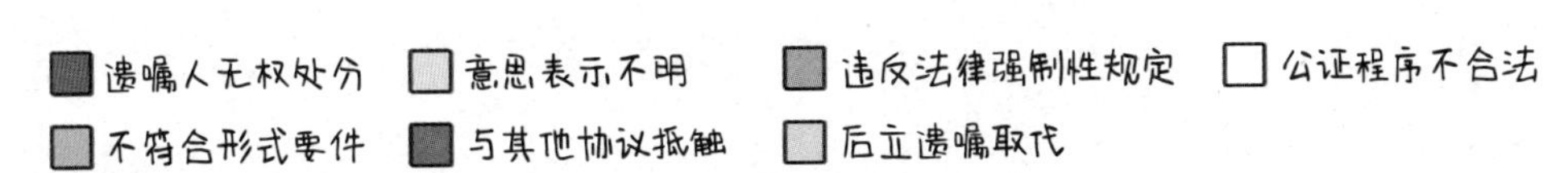

后记一 让生命绽放出本来的样子

这本书最后定稿之际，竟然发生了新冠病毒疫情。我和全国大多数人一样，窝在家里，参与到“闷死病毒”的战役中来。一直以来，惯于拼搏和奋斗的我，第一次“心安理得”的无所事事；第一次如此长时间停下脚步、静下心来思考。

人生的痛苦，都是对灵魂的恩赐和奖赏！面对每天来自武汉前线的报道，悲愤、感动、心疼、无奈、惶恐、无力，种种感觉交替登场。

“时代的一粒沙，落在自己身上就是一座山！”

“生死面前，都是小事！”

“明天和意外不知道哪个先来！”

经过这场大疫，相信很多人都能活明白！相信很多人对生命有了更深的思索！

回到这本书来。很多人看到书中斤斤计较的亲人、相爱相杀的恋人，可能会问：“你这是在教我算计亲人吗？”

答案是否定的。 我是希望你能够安排好财富，让财富助力生命绽放，让财富给纯粹的爱让路！

现实生活中，男人以事业之名，忘记了家的存在；女人以爱为名，拼命控制男人、拼命自保；父母要掌控、子女要逃离；我们每天都为生存拼尽全力，为生存屈服于现实，唯独忘记活出自己生命本来的样子！本书中的案例，均来自于现实：老人无家可归、兄弟反目成仇、夫妻拔刀相向，最应彰显“爱”的关系里，唯独没有爱！一场场比电视剧还要精彩的人间大戏，就这样每天都在上演着。

为什么？为什么会这样。原因有很多。我个人认为，一个非常重要的原因是：源于生存的恐惧、内心的不安全感！

造成国人这种不安全感，除了历史原因，还有更多层面的现实因素。

能改变吗？

当然。我们大多数人每天都在做这个工作，我们每天都在通过获取财富，减轻自己内心的恐惧。但恐惧并没有减少。为什么？因为不管获取多少，我们都觉得不够。

其实，并不是不够，而是我们没有安排好财富。没有用法律手段、财富工具，解决自己的后顾之忧。一直有生存之忧，哪有时间向内审视自己、让自己内心愉悦与平和呢？

经过这些年探究家庭财富传承的工作，我发现我们很多人的“财商为零、法商为负数”。

这本书就写在这样的契机下“萌芽”了。我和赛美的初衷是：通过这些有代入感的案例，让大家关注并审视自己的财务，并进一步用法律工具、保险工具规划自己的财富！解决生存之忧，进而让生命绽放出本来的样子！

生命中能够认识赛美这个精灵，是我的幸运。每次和她畅聊，都会有丰硕的成果。也时常惊叹，这个纤细灵动的女子，竟有如此的能量和爆发力！希望我们今后有更多的成果带给大家！

本书中的案例，鉴于当事人隐私原因，均进行了相应的处理，如有雷同纯属巧合。

本书我所负责的部分，是我律师团队集体智慧的结晶。肖欣超律师、霍艳丽律师、郑珂丹律师、卜凡助理、胡靖航助理，均参与其中。尤其是肖欣超律师，对于本书最后的统稿、修正，做了大量的工作。在此，我表示衷心的感谢。没有你们的协助，就没有这本书！

郭丽

2020 年 3 月 25 日

后记二

相知相遇，牵手一生

从 2017 年收到约稿，到这本书顺利出版，中间经历了两个年头。在这两年中，我自己也经历了一个个风险事件：自身的角色变化、资产变化；父亲病重，每个月我都从深圳出发，一趟趟赶往家乡，在 ICU 病房外守护着他。2018 年 8 月 29 日，看着医院窗外绿葱葱的大树，我感叹：此刻，如果父亲能够醒来，看见窗外的美景该多好。好在这个愿望，在两个月后实现了，父亲万幸逃过一劫。不是所有人都有这份好运，可以从死神手里逃脱。我知道，这背后，既有幸运，也需要经济实力，更需要家人无微不至的照顾。感谢哥哥嫂嫂的精心照料，感谢姐姐的耐心陪伴，才能让我放心在寿险行业中拼搏，为更多需要帮助的人送去保障和专业的服务，让他们的家人也能无后顾之忧。

感谢“帮你出书”的创始人冠妮女士，一直耐心等待郭丽律师和我，不厌其烦帮助我们寻找适合的出版社，选择最好的编辑，并且用这样丰富生动、易懂的图解方式，把法律、保险、财富、人生的意义诠释得如此真切。还有负责统筹组稿的思思，她在这个过程中非常细致认真。

感谢“幸福生活家”萧秋水，您一直是我前行的动力，从十几年前我在专业博客站点上膜拜您，到后来成为同事，成为合伙人，一直到成为家人……您以丰富的学识和细致的行动，告诉我应该去追寻自己喜欢的生活。

感谢秋叶大叔，从您身上我一直默默得到一种力量和信念，出版是专业人士的必交“作业”，只有完成了书籍出版，才能走向更高的台阶。您用了最大的力气，帮助我以及团队在理财规划、保障规划上走得更远。

感谢邻三月，从2016年的首次相约，到每一年我们彼此的快速成长和相互信任，并且把这份财富智慧惠及越来越多的会员和朋友们。

感谢“创业IP孵化专家”璇子，感谢“书托邦创始人”娟子，感谢Judy舒红，感谢“全能设计师”桑妮，我们既是密友，也是事业上相互鼓舞、共同前进的合伙人。

感谢太平人寿总公司各级领导，以及太平人寿深圳分公司总经理贾平民先生，正是他们对寿险行业深刻的见解，让我理解保险对于国家、对于家庭的重要意义。让我安心选择在中国太平这家已经跨越90周年的央企、世界500强企业，将创新、将专业化的服务联盟践行之路，越走越踏实。

感谢宋晓恒博士，正是因为2017年在家族财富顾问的课程上，我们再一次升级了对财富管理的认知。感谢若轩和霍艳丽律师，作为科班法学专业人士，她们对风险的敬畏，为我提供了大量的宝贵建议。感谢雅洁，虽是“90后”，却十分钻研专业知识，为本书的发行提供了无私的帮助。

感谢“结构思考力学院”李忠秋、DISC李海峰、剽悍一只猫、“目标管理专家”易仁永澄、“美食达人”沈小怡、“出版达人”佳少、张小桃、耶娄、贝金雨、小川叔、Kyle、周杰、大眼睛、小荻、雨滴、Liliane、钱思菁、“苏州星光传媒创始人”Amy，每一次的对话，对财富的理解，对社会现象的分析和观察，都令我理解长期专注做好一件事情的重要意义，理解每一个美好家庭的背后，都有一股股社会力量在支撑。

感谢一直陪伴我成长的朋友们，奎哥、幽子、段云霞、王建明、丁丁、明珠、霏霏、少勇、徐燕玲老师、何文捷及家人、Grace、玥玥、罗娟、羽仟、秦曼、常青松总、文老师……太多朋友，无法一一道谢，你们都是我人生中最宝贵的财富。

感谢赛美火星团队一群可爱的小伙伴，从2015年的第一位大美女童立加盟，黄敏、袁舒萌、禹丹丹、陈玲……紧随其后，到现在的200位专业理财师 & 保险顾问队伍，纵使有无数个漫漫煎熬的长夜，我们奋战在一线，内心仍是充满欢声笑语。我们用短短三年时间，已经站上了行业塔尖。是你们让我明白，一个人走得远，一群人走得快。牵手太平，缘定一世。

赛美

读·书·笔·记

DATE:

MEMBER:

PLACE:

读·书·笔·记

DATE:

MEMBER:

PLACE: